WELCOME TO WINE

 醉鹅娘9堂课讲透基本点

推 开 红 酒 的 门

9 BASICS FOR BEGINNERS

王胜寒（醉鹅娘）————————————著

中信出版集团 | 北京

图书在版编目（CIP）数据

推开红酒的门 / 王胜寒著 . -- 北京 : 中信出版社，
2021.1（2021.2 重印）

ISBN 978-7-5217-2497-4

Ⅰ . ①推… Ⅱ . ①王… Ⅲ . ①葡萄酒—基本知识
Ⅳ . ① TS262.61

中国版本图书馆 CIP 数据核字（2020）第 233600 号

推开红酒的门

著　　者：王胜寒
出版发行：中信出版集团股份有限公司
　　　　　（北京市朝阳区惠新东街甲 4 号富盛大厦 2 座　邮编　100029）
承 印 者：北京尚唐印刷包装有限公司

开　　本：880mm×1230mm　1/32　　印　张：10　　字　数：125 千字
版　　次：2021 年 1 月第 1 版　　　印　次：2021 年 2 月第 3 次印刷
书　　号：ISBN 978-7-5217-2497-4
定　　价：69.00 元

自序　在学酒之路上，千万别掉进三个坑

你好，我是"醉鹅娘"品牌的创始人王胜寒。

8年前我刚开始学葡萄酒的时候，走过太多弯路。从请教身边的葡萄酒爱好者，到去纽约最有名的葡萄酒学校上课；从在葡萄酒商店实习，到去米其林三星餐厅打工学酒……尽管做了种种努力，当时的我每每打开陌生酒单时，仍然一知半解。

假如你也曾试图了解葡萄酒，甚至系统性地上过品鉴课，但还是没把葡萄酒弄明白，请不要气馁，因为曾经全身心学酒的我都这样。后来我才意识到，之所以会出现那样的局面，是因为传统的葡萄酒教学存在弊端：

学习以后，面对酒单还是看不懂，点酒时依然手足无措——因为传统入门教学不关注场景实践。

当朋友问起某款酒如何时，不知如何回答，除了形容一下味道，好像也说不出更多门道——因为传统入门教学总是先教你如何当好品鉴者，教你"酸度中等偏上"这些浮于表面的碎片化知识，却不教你如何从生产者的角度去理解一款酒的味道。

当你想了解一款酒的时候，即便查阅一大堆资料，但好像还是无法理解到点子上——因为传统入门教学往往没有搭建好学习葡萄酒风格和质量因素的框架，没有给予你"问对问题"和"问好问题"的能力。

已经在书本上学习了那么多品种和产区，可真正喝起某瓶酒的时候，味道和书本上的完全对不上号——因为传统入门教学喜欢教人死记硬背产区或品种的标志性口味，但现今随着葡萄酒市场的快速变化，理论和现实有可能是脱节的。学会理解口味变化的规律，远比记住标志性口味更重要。

这种种情况，就跟几十年前中国人学习英语时所面临的困境一样——前有哑巴英语，今有哑巴红酒。可以说，现今的葡萄酒教学，不比之前的填鸭式英语教学好到哪里去。

如果你不希望受"哑巴红酒"之苦，那么一定要避免掉进下面三个"坑"：

第一个坑，死记硬背品种或产区的标志性香气。因为你最后会发现，在实际品酒过程中，学到的这些标志性香气绝大部分对不上号。比如，传统的葡萄酒教学一开始便会教最著名的几个葡萄品种的香气，其中对干赤霞珠香气的描述是"带着鲜明的黑醋栗、雪松和烟草气息"。但为什么你体会不到？因为也许你喝的是未经陈年的易饮风格的赤霞珠，烟草和雪松这种味道往往需要经过过桶（酒放入橡木桶中熟化）和陈年，再加上风土的加持才会出现。在现实生活中，平价年轻的赤霞珠和精品陈年的赤霞珠，味道可以说大相径庭。

第二个坑，对所有产区和品种一视同仁。很多葡萄酒教材身负"公允公正"的使命，因而"关爱"所有产区和品种，否则就会被批评不全面，但这样会让入门者完全抓不住重点。一些教材里反复提及的某些产区的酒，国内甚至还没进口，记住这些产区只会占用宝贵的记忆力和注意力，搞错轻重缓急。此外，葡萄酒教材往往在评论产区和品种时束手束脚，说很多客套话，谁也不得罪。然而，葡萄酒的世界绝不是平等的世界，说好听点儿是有差序格局，说不好听就是"鄙视链"严重。我认为，初学者一定要先学习那些生产"最贵的酒"的产区和品种。这一原则不仅适用于入门者，也适用于进阶者。

第三个坑，"碎片化"品酒。刚开始的时候，是需要详细了解葡萄酒在色、香、味方面带来的细致感官体验的。我们在不断实践品酒的时候，一定要学会"抓大放小"，比如不要纠结是闻到了黑莓还是李子的香气，酸度是高还是中高，因为初学者会很容易迷失在细节里，导致把握不准酒的整体风格。

我相信看完这本书，你再也不会碰到下面这些困惑：

在餐厅，看着酒单上密密麻麻的字一脸懵；

看着货架上琳琅满目的酒款，不知道选哪瓶适合自己；

和别人谈论品尝到的葡萄酒时，对自己的判断特别不自信；

想从事葡萄酒相关行业，但不知纷繁复杂的知识如何理出头绪；

……

我希望这本书帮你推开红酒的大门，看见门内的大千世界。

CONTENTS

目录

开篇

葡萄酒高手和小白，差别究竟在哪里？

一个深度爱好者或高手，和一个"小白"在品酒时最大的区别是什么？小白只能试图描述闻到的味道，爱好者则能够通过品鉴判断出形成这种味道的原因。

小白："我好像闻到了一点甜甜的味道。"爱好者："这支酒应该是过桶了。"

小白被细节迷惑，而爱好者拥有"全局观"。如果学习只是流于表面，花费很多时间去记住不同产区和品种的特点，根本是在做无用功。而能够判断出不同产区、品种和味道形成的规律，才是学习葡萄酒的根本。

我总结了影响葡萄酒风格差异的三大规律：1. 气候冷热造成口味变化；2. 过桶和陈年程度的不同造成口味变化；3. 以"新派和旧派"为代表的酿酒理念差异造成口味变化。

气候冷热

两株同样品种的葡萄藤，一株在冷凉的地方生长，一株在温暖的地方生长，结出的果实味道能一样吗？冷凉的地方生长的葡萄酸度高、糖分低，较热的地方生长的葡萄酸度低、糖分高，两者酿出来的酒风格自然不同。好比中国南北方饮食之所以存在差异，首先就是因为不同气候条件下产出的食材不同。

过桶和陈年

同样品种的两款酒，一款在橡木桶里泡了很长时间，另一款没有在橡木桶里泡过；或者一款在瓶中陈年了很长时间，另一款没有在瓶中陈年，味道能一样吗？过桶和陈年相当于美食界的"烹饪手法"，同样的食材，一个清蒸，一个炭烤，做出的菜味道区别可太大了。

新派和旧派

两款同样品种的酒，一款在精确操控、一尘不染的酿酒室里酿出来，另一款在自然"放养"的酒窖里酿出来，味道能一样吗？葡萄酒里的"新派"和"旧派"（也称"新世界"和"旧世界"）就像不同的烹饪理念，粤菜师傅重食材，川菜师傅重调味，不存在孰高孰低——但理念的不同，会导致同样的食材被烹饪出截然不同的味道。

当你对风格的"三大规律"熟稔于心之后，再去将它们"套"在品种和产区上，那时候你会发现，你对品种和产区的理解不再停留于表面，这也就达到了本书"授人以渔"的目的。

不过，在接触风格的三大规律之前，我们先学习葡萄酒基本的酿造原理和品酒基础知识。学习葡萄酒的过程，应该像攀爬金字塔——起步知识越扎实，往上爬就越容易。

产区

品种

风格三大规律 | 质量三级标准

基本酿造原理 | 品酒基础知识

葡萄酒学习金字塔

酿酒原理：葡萄酒的类型是这么分出来的

本书书名用了"红酒"，是因为在生活中，大家通常用"红酒"指代所有种类的葡萄酒。但在正式学习之前，我们首先要知道：葡萄酒不只包括红葡萄酒，还有白葡萄酒、桃红酒、起泡酒、甜酒、加强酒等多种类型。如果只喝红酒，就会错过许多美丽的风景。

那么，不同颜色、不同类型的葡萄酒都是怎么来的？这和葡萄酒背后的酿造手法有关。只要掌握两个简单的酿造原理，就可以理解为什么会有这么多类型。

第一个原理：酵母"吃"掉糖，"排出"酒精和二氧化碳。

第二个原理：葡萄皮给红酒带来颜色和单宁。

1.1
酵母"吃"掉糖，"排出"酒精和二氧化碳

成熟葡萄的含糖量很高，在发酵过程中，酵母会把葡萄里的糖分转化成酒精和二氧化碳。为了更方便理解，我用图画的形式表现出来：画里的小黄人代表酵母，它"吃"掉了糖，排出"便便"和"屁"——"便便"就是酒精，"屁"就是二氧化碳。

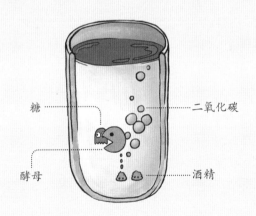

糖 二氧化碳

酵母 酒精

不要觉得这个比喻无厘头，因为酵母菌的拉丁文名字的本意还真就是"嗜糖真菌"。通常情况下，在1升酒液中，酵母每"吃"掉17克糖就能让酒精度提升1度。

把酒精比作"便便"虽然不雅，但不无道理。因为最终酵母就是被自己"排出"来的酒精给毒死的。大多数酵母在超过 16 度的酒精环境下都是活不下去的。

通过这个原理，我们可以解释为什么有些葡萄酒酒精度高，有些酒精度低。这是因为有些酵母的"糖食"少，所以自然它"排出"的酒精就少。如果酵母"吃"得多，自然"排出"的酒精也多。

所以，高酒精度的葡萄酒风格浓郁甜美，因为酿造它的葡萄就是糖分高成熟度高的葡萄。而低酒精度的葡萄酒，比如 12 度的葡萄酒，口味就会更清淡，因为酿造它的葡萄可能是糖度低成熟度低的葡萄。

那如果是特别甜的葡萄呢？理论上，如果糖分全部都发酵成酒精，酒精度可以达到十七八度甚至更高。但刚才我也提到，大多数的酵母在超过 16 度的环境下是活不下去的，如果酵母没有把糖全部"吃"完的话，那么就会有残留糖分留在酒里——这也是绝大部分甜葡萄酒甜度的来源。所以，无论是因为"高酒精毒性"杀死了酵母，还是人为地通过各种手段提前杀死了酵母，甜酒的"甜"归根结底都是因为酵母没有吃完糖。当然，也有一些甜酒是人工后期加糖的，但这种酒属于葡萄酒世界里的"底层"，比较"低端"的酒厂才会这么做。

总而言之，依据"甜还是不甜"区分葡萄酒，是葡萄酒的第一种类型划分方法。糖分被酵母全部"吃"完的，叫作"干型酒"，糖分没有被吃完的，就叫"甜酒"。

　　葡萄酒的第二种类型划分方法，是看这是静止的酒，还是带泡的酒。这就和酵母产生的"二氧化碳屁"有没有排出去有很大关系了。如果排出去了，就是不带泡的"静止酒"（still wine）。如果把发酵容器封闭起来，不让二氧化碳跑掉，酒里就会出现气泡，酿出来的就是"起泡酒"（sparkling wine），比如最有名的起泡酒——香槟就是这么酿造的。

1.2
葡萄皮给红酒带来颜色和单宁

现在我们来讲讲葡萄酒为什么会有不同的颜色。

依据颜色的不同来分类，是葡萄酒类型划分的第三种方法。我们先思考一下，为什么会有红葡萄酒和白葡萄酒的颜色之分？是因为红葡萄酒是红葡萄酿的、白葡萄酒是白葡萄酿的吗？也许你会觉得这个说法不靠谱，但其实，在绝大部分场景下，白葡萄酒还真就是白葡萄酿的，红葡萄酒就是红葡萄酿的。

当然，两者的区别不光体现在用来酿酒的葡萄是红还是白，还在于酿酒时是否带着葡萄皮酿。带着皮酿，酒才能呈现红色。

这也就引出了我们需要知道的第二个酿酒原理：葡萄皮给红酒带来颜色和单宁。所谓"单宁"，就是吃葡萄皮时那种涩涩的感觉。

大多数红葡萄的色素只存在于皮上，提供果汁的果肉是无色的。那么，怎么才能把皮上的颜色转移到酒里呢？简单来说，和泡茶的原理差不多——颜色是"泡"出来的。采收的葡萄在破皮之后汁水就流出来，这时候不扔掉那些皮渣，而是把葡萄汁和皮渣都扔到发酵罐里去发酵，葡萄皮里的东西就会慢慢融入正在发酵的葡萄酒里。这个把皮渣里的东西"泡"出来的过程，用葡萄酒酿造领域的专有名词表达就叫作"浸渍"或"萃取"，也就是从葡萄皮、葡萄籽和果梗里提取单宁、色素与风味物质的过程。

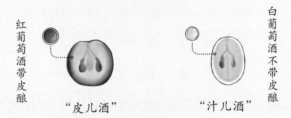

红葡萄酒带皮酿

"皮儿酒"

"汁儿酒"

白葡萄酒不带皮酿

　　影响萃取程度的因素有很多，发酵的温度、时间、手法都会有影响，这也是决定酿酒师水平的重要环节。给你一个更直观的描述吧，还是拿泡茶类比——如果我们想更好地萃取茶叶里的东西，可以适当"压一压茶包"，在葡萄酒酿造中这一操作叫"压帽"；或者用高冲茶（把水砸在茶上）的手法，酿酒时类似的操作叫"淋皮"。当然，如果不想要葡萄皮带来的颜色和涩感，那就不带皮酿，在破皮压榨之后扔掉皮渣，只用纯葡萄汁发酵。

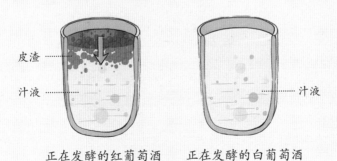

皮渣

汁液

汁液

正在发酵的红葡萄酒　　正在发酵的白葡萄酒

你吃葡萄是喜欢剥皮吃还是带皮吃？如果喜欢剥皮吃，很有可能你更喜欢白葡萄酒。涩感或者说单宁这个东西，并不是大多数人天生就会喜欢的。但因为大家叫惯了"红酒"，觉得红色才是葡萄酒正统的颜色，就会在主观上说服自己更喜欢红葡萄酒而不是白葡萄酒。

其实，从白葡萄酒开始学习品鉴有好处，因为白葡萄酒不带皮酿，所以没什么单宁。喝白葡萄酒，在口感维度上只需要关照酸度和浓厚度，而喝红葡萄酒还需要多关注单宁，品鉴时会增加难度。就好比欣赏音乐，声部多的交响乐比声部少的奏鸣曲更难理解，所以还是从声部少的开始欣赏，更容易循序渐进。

喝白葡萄酒并不比喝红葡萄酒低级。还是拿音乐类比：声部多的也有烂曲子，声部少的也有经典传世之作。我们永远要拿一个作品的表达能力和水平去判断好坏，而不是拿作品的形式本身去做判断。

除了红葡萄酒、白葡萄酒，还有一种颜色介于红与白之间的桃红酒。桃红酒是怎么制成的呢？这就需要再次提及第二酿造原理——葡萄皮给红酒带来颜色和单宁。随着皮渣浸泡在葡萄汁里，皮渣里的颜色会慢慢融入葡萄酒中，酒液颜色逐渐变深。既然皮渣和酒液的接触决定了酒的颜色，那么，如果想让酒的颜色比红酒更浅该怎么办？

再回到泡茶这个类比——如果我们想让茶水颜色浅一点，应该怎么办？就应该提前把茶叶取出来嘛。所以桃红酒就是在萃取过程中，酒液颜色还没有变得那么深之前，提前把皮渣取出来。市面上的桃红酒颜色有深有浅，而深浅主要取决于什么时候分离皮渣和酒，分离得越晚，颜色就越深。

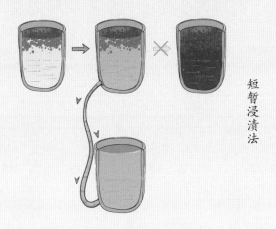

短暂浸渍法

这里我想问一个很有意思的问题：有用红葡萄酒的酿造手法来酿白葡萄的吗？还真的有，这种方法酿出的酒叫橙酒（orange wine）。是用白葡萄长时间接触葡萄皮酿的，这是一种小众酿造手法，市面上比较少见。

当你明白了"葡萄皮给红酒带来颜色和单宁"这个原理后，你就知道了白葡萄酒、红葡萄酒、桃红酒分别是怎么来的，哪怕是葡萄酒世界中非常小众的橙酒，你都明白是怎么回事了。

醉鹅娘小贴士：甜酒和起泡酒

甜酒

酵母没"吃"完糖，分为两种情况：一是在酿酒过程中人为停止发酵，部分糖被保留下来；二是有些葡萄实在太甜，即便酵母竭尽全力转化酒精且奋战到生命最后一刻，还是有糖分残留。要知道，糖分太多或酒精度太高，对酵母的生存都是极为不利的。

这就意味着正统的甜酒有两种酿造方式：第一，提前终止发酵，留下糖分；第二，用甜度更高的葡萄来酿酒。

提前终止发酵有两种主流做法：

加酒精

通过加酒精来杀死酵母，也就是传说中的"加强酒"。如果你看到一款葡萄酒的酒精度在 15 度以上，除少数例外，很有可能是加强酒。如果酒精度在 17 度以上，那一定是加强酒了。这样的酒喝起来酒精感浓烈，但非常耐储存，往往能靠长时间陈年得到浓郁的风味，使得高酒精度不那么明显。

经典加强酒：格兰姆波特（*Graham's Port*）、冈萨雷比亚斯雪莉（*González Byass Sherry*）。

低温 / 二氧化硫 + 过滤

通过降温停止酵母活动，然后过滤掉酵母；或者加入大量二氧化硫杀死酵母，来达到发酵停止的结果。这样的酒酒精度低（5~7 度），甜度不高且香气扑鼻。这样的酿造方式制成的酒，最知名的就是大名鼎鼎的莫斯卡托地阿斯蒂（*Moscato d'Asti*），这款酒简直是全世界少女的心头爱！

经典莫斯卡托：初吻莫斯卡托（*Scagliolo Primo Bacio Moscato d'Asti*）。

用甜度更高的葡萄来酿酒，主要有四种方式：

晚采收

推迟采摘，让葡萄在葡萄藤上多待一段时间，更从容地积累糖分。这很考验葡萄原材料的质量，既可以制成平价甜酒，也可以制成非常昂贵的酒。

经典晚采收酒庄：南非克莱坦亚酒庄（*Klein Constantia*）。

风干

风干葡萄酒说白了，就是用葡萄干酿的酒，能不浓郁吗？只不过，制成葡萄干的方法有细微不同，有些是让葡萄在葡萄藤上风干，有些是采收后日晒风干，有些是放置于空气流通好的室内风干。这样的酒极其浓郁，风味关键词是

"纯净"，口感上是高糖和高酸构成的宏大结构。

经典风干酒酒庄：意大利爱唯侬堡（*Avignonesi*）、意大利多娜佳塔酒庄（*Donnafugata*）。

酿成贵腐酒

贵腐酒（*Noble Rot*），直译就是"名贵的腐烂"，因为让葡萄腐烂的真菌长出的菌丝在葡萄皮上扎出成千上万个小洞，水分通过这些小洞蒸发，进而浓缩葡萄的糖分和风味。在甜酒"鄙视链"里，贵腐酒位于顶端，风味一般最复杂，浓缩的果干风味里往往带着辛香，极具陈年潜力。

知名贵腐酒庄：法国滴金酒庄（即吕萨吕斯酒堡，*Château d'Yquem*）、匈牙利皇家托卡伊（*Royal Tokaji*）。

酿成冰酒

冰酒（*Ice wine*）的原理是，葡萄冬天采摘，里面的水分已经冻成冰了，压榨的时候，高度浓缩的葡萄汁先流出来，取其精华进行酿造。冰酒也占据甜酒"鄙视链"顶端，但和贵腐酒层次丰富的香气不同，冰酒可是走纯净的"仙气范儿"的，所以也更适合年轻的时候喝掉。

经典冰酒酒庄：加拿大云岭酒庄（*Inniskillin*）、德国约翰山酒庄（*Schloss Johannisberg*）。

与甜酒相关的词汇	
类别	酒标上可能出现的词汇
加强酒	*Port*（波特） *Madeira*（马德拉） *Vin Doux Naturel*（天然甜） *Cream Sherry*（奶油雪利酒）
通过低温或加二氧化硫终止发酵的甜酒	*Asti*（阿斯蒂） *Moscato d'Asti*（莫斯卡托阿斯蒂） *Brachetto d'Acqui*（布拉凯多阿奎） *Lambrusco*（蓝布鲁斯科）
晚采收甜酒	*Late Harvest*（晚采收）– 英语 *Vendange Tardive*（晚采收）– 法语

风干甜酒	*Vin Santo*（圣酒） *Recioto*（雷乔托甜酒） *Passito*（帕塞托甜酒） *Vin de Paile*（稻草酒）
贵腐酒	*Tokaji*（托卡伊） *Sauternes*（苏玳） *Barsac*（巴萨克） *Monbazillac*（蒙巴兹亚克） *Loupiac*（卢皮亚克）
冰酒	*Icewine*（冰酒）– 英语 *Eiswein*（冰酒）– 德语

起泡酒

正统且占据主流地位的起泡酒，如果是在酒瓶里二次发酵产生气泡，这种工艺叫"传统法"；而另一些起泡酒是在大型密封抗压罐中产生气泡，这种工艺叫"罐中二次发酵法"。"罐中二次发酵法"制成的起泡酒比较简单，主打清爽特质，一般不会陈年。

"香槟"其实是传统法起泡酒的一种，但这一词汇受法律保护，只有产自法国北部香槟产区的传统法起泡酒才能叫香槟（"传统法"只有在香槟产区才有另一个名字——"香槟法"）。

香槟（Champagne）

由于法国香槟酒行业委员会(CIVC)的强势，"Champagne"的特定称谓在全世界大多数国家和地区都得到了保护，中国也不例外。只要你在酒标上找到"Champagne"字样，这款酒就是正经的来自法国香槟产区、在酒瓶里二次发酵制成的昂贵起泡酒。

经典香槟：堡林爵（Bollinger）、查尔斯海德希克（Charles Heidsieck）。

其他传统法起泡酒

除了法国香槟区以外，世界上还有不少采用传统法生产起泡酒的产区，比如法国的克莱蒙（Crémant）、西班牙的卡瓦（Cava）和意大利的弗朗奇科塔（Franciacorta）。这些旧世界产区已经获得了原产地保护。但新世界也有非常多的传统法起泡酒，这时候我们就要通过酒标上的"传统法"字样识别身份了。

经典传统法酒庄：西班牙菲斯奈特（Freixenet）、宁夏夏桐酒庄。

与传统法起泡酒相关的词汇	
类别	酒标上可能出现的词汇
香槟（法国）	Champagne
克莱蒙起泡酒（法国其他产区的传统法起泡酒）	Crémant de + 产区名
卡瓦（西班牙）	CAVA
弗朗奇科塔（意大利）	Franciacorta
南非传统法起泡酒	Méthode Cap Classique
其他	Traditional Method（传统法）– 英语 Méthode Traditionnelle（传统法）– 法语 Metodo Classico（传统法）– 意大利语 Traditionelle Flaschengarung（传统法）– 德语

罐中二次发酵起泡酒

普洛赛克（Prosecco）是世界上最流行的起泡酒之一，原产于意大利东北部。普洛赛克的质量差异很大，绝大部分属于平价酒，但也能找到不少质量上乘的。

经典普洛赛克酒庄有意大利比索酒庄（Bisol）、意大利尼诺弗朗科酒庄（Nino Franco）。

塞克（Sekt）是产自德国的起泡酒，绝大多数都非常廉价，可以采用来自其他欧洲国家的葡萄酿造，通常在对泡泡极度狂热的德国本土就被消费掉了。当然也有很高质量的塞克，但很少出现在中国市场。

经典塞克酒庄有德国露森酒庄（Dr. Loosen）。

阿斯蒂是产自意大利西北皮埃蒙特的著名"小甜水"，这种起泡酒用葡萄汁直接发酵，果香丰沛。常见的阿斯蒂起泡酒分成高酒精度（6～7度）、低甜度、高泡的普通版阿斯蒂（Asti）和低酒精度（4.5～5.5度）、高甜度、低泡的优质版莫斯卡托阿斯蒂（Moscato d'Asti）。

经典阿斯蒂酒庄有意大利马天尼酒庄（*Martini*）、意大利维埃蒂酒庄（*Vietti*）。

与罐中二次发酵起泡酒相关的词汇	
类别	酒标上可能出现的词汇
普洛赛克 （意大利）	*Prosecco*（普通普洛赛克） *Prosecco Superiore DOCG*（优质普洛赛克）
阿斯蒂风格起泡酒（意大利）	*Asti*（普通高泡阿斯蒂） *Moscato d'Asti*（优质微起泡阿斯蒂） *Brachetto d'Acqui*（微起泡甜红） *Lambrusco*（高泡红起泡酒）
塞克 （德国）	*Sekt*（廉价德国起泡酒） *Deustcher Sekt*（用德国葡萄酿造的起泡酒） *Sekt*+产区名（优质法定产区塞克）
其他类别	*Mousseux*（法国高泡起泡酒） *Pétillant*（法国低泡起泡酒） *Spumante*（意大利高泡起泡酒） *Frizzante*（意大利低泡起泡酒） *Sparkling*（新世界只写*Sparkling*的起泡酒，基本上都不是传统法酿造的）

第 2 课

酿酒步骤：
细节如何决定成败

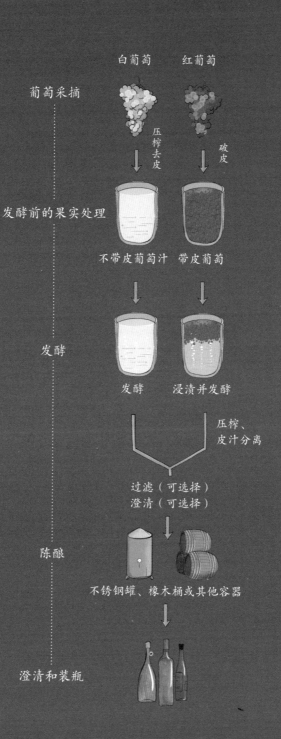

白葡萄　　红葡萄

葡萄采摘

　　　　　　压榨去皮　　　破皮

发酵前的果实处理

不带皮葡萄汁　带皮葡萄

发酵

发酵　　浸渍并发酵

压榨、
皮汁分离

过滤（可选择）
澄清（可选择）

陈酿

不锈钢罐、橡木桶或其他容器

澄清和装瓶

2.1
葡萄采摘

根据葡萄成熟度适时采摘，是酿酒的第一步。采摘可由人力完成，也可以选用机器。

追求高质量的酒庄，或者地形崎岖、机器不便使用的陡坡葡萄园，一般都会用人工采摘的方式。人工采摘费时费力，但是力度轻柔，工人可以边摘葡萄边挑选，得到质量最好的葡萄。

而批量生产的大型酒庄一般会用机械采摘，采收机通过震动葡萄藤使得葡萄掉落下来，这种方式省时省力，但葡萄质量相对就没那么好了。

葡萄采摘的时机很重要，随着葡萄越来越成熟，风味越来越浓郁，糖分持续升高，酸度会持续下降。在理想状态下，采收应该在上述因素达到完美平衡时进行，但现实世界里却少有完美的天气。这时候酿酒师就需要做出选择：是早采收选择更高的酸度，还是晚采收追求更高的成熟度？

2.2

发酵前的果实处理

为了保证葡萄的新鲜度，采下的葡萄会被尽快送往酿造车间进行筛选、除梗、破皮和压榨。

筛选，是为了挑出不熟或不健康的果实，保证质量。这并不是必需的步骤，只有对质量要求高的酒庄才会对葡萄进行筛选。如果是非常大批量的采收，其实是无法进行筛选的。

筛选台　　　　　　　除梗机

除梗，通常用除梗机完成。

压榨，即通过外部压力，将葡萄皮与葡萄汁分离开来。何时进行压榨，是红葡萄酒和白葡萄酒在酿造环节上的重要区别。

红葡萄酒是带皮酿造的，所以会在葡萄破皮后直接开始发酵。发酵结束以后把发酵罐里的酒排出来，此时罐底的葡萄皮渣里还有不少酒液。这时通过压榨，让剩余的酒液从皮渣里流出来。

框式压榨机

白葡萄酒是不带皮酿造的，先直接压榨出葡萄汁，再把皮扔一边，对葡萄汁进行发酵。

延伸阅读：还原处理 vs 氧化处理

还原处理，指的是从葡萄采收开始，尽量隔绝与氧气的接触。它可以包含以下工序：在气温较低的夜晚或清晨进行采收（避免高温加速氧化），采收后立刻使用二氧化硫（抗氧化剂），在运输过程中保持低温，营造无氧环境等。

从 20 世纪 70 年代开始，还原处理极大推动了现代葡萄酒的发展，它带来了更新鲜的果香、更清脆的酒体和更干净的风格。这样的风格，至今依然占据主流。

氧化处理，其实就是无意或有意地鼓励葡萄和氧气接触。那些还原处理的工序，不做或少做。

在酿酒科学尚不发达的年代，大部分酒（尤其是白葡萄酒）都是有一定氧化的。这种情况下，葡萄酒常会果香黯淡，出现坚果般的氧化风味，口感沉闷，甚至易被细菌感染。而当代的一些优秀酿酒师，已经学会了把握与氧气接触的尺度，让恰到好处的氧化为葡萄酒带来更多层次的香气、更饱满圆润的酒体、更柔软的单宁和更长久的陈年潜力。

总的来说，人们现在已经逐渐意识到，无论是还原处理还是氧化处理，走极端的结果都不会太好，需要通过细致的观察，选择合适的手法才行。

2.3
发 酵

发酵，就是用酵母把葡萄酒中的糖转化为酒精和二氧化碳的步骤。

没有酵母就没有葡萄酒。我们先来认识一下酵母。

酵母是一种单细胞真菌，广泛分布于自然界，在有氧和无氧条件下都能够存活，是一种天然的发酵剂。

酵母可以存留于葡萄皮、酒庄设备甚至人体皮肤表面这样出人意料的地方，而附着在葡萄皮上的酵母就是酿酒过程中所使用的天然酵母。利用葡萄表面的天然酵母进行发酵，往往能带来意料之外的复杂度，缺点是有不确定性，发酵过程不易控制，可能中断，或者导致不同年份的酒相差比较大。

而研究人员从实验室里培养出来的酵母被称为培养酵母（人工酵母）。培养酵母是更稳妥的选择，使用培养酵母酿造的过程比较顺畅，不易出现问题，且能使发酵结果尽在掌控，酿出的酒质量稳定。还可以通过选择不同的酵母菌株强化葡萄酒的某些特点。

再来了解浸渍和萃取。

浸渍是酿造过程中非常重要的一个环节。可以发生在发酵前、发酵过程中和发酵后，通过浸泡葡萄皮，提取颜色、单宁和味道。可以说，浸渍很大程度上决定了葡萄酒的质量。

在发酵前，酿酒师可以通过低温下泡葡萄皮来萃取更多的颜色和风味，由于温度低且没有酒精，这时候并不会萃取出多少单宁。如果浸泡时间很长，会不可避免带出一些酚类物质，增加一丝苦涩。所以发酵前的短时间浸渍也是白葡萄酒唯一的浸渍方式，因为不带皮发酵，在压榨前泡一泡皮可以带来更丰富的味道。

红葡萄酒是带皮发酵的，因此浸渍过程远比白葡萄酒长。红葡萄酒的浸渍主要在发酵过程中进行，但酿酒师同样可以做发酵前的低温浸渍，也可以在发酵完成后不马上把葡萄皮和酒液分开，延长浸渍时间，得到更多的单宁。

需要强调的是，延长浸渍时间只适用于质量较高的葡萄果实。质量较低的葡萄，因为葡萄皮里本来就没有多少东西可供萃取，反而需要缩短浸渍时间。这就好比，如果茶包已经泡得没味儿了，再强行去泡，得到的只有苦涩。

至于萃取，就是在发酵过程中把葡萄皮里的单宁、色素等酚类物质和风味物质弄到酒里。听上去跟浸渍很像，但还是有些微不同：

浸渍的重点在于"泡"，萃取在于"手法"。

萃取对于酿酒来说，是最重要的环节之一，会极大影响葡萄酒最终的味道。影响红葡萄酒萃取力度的因素有手法的轻重、时间的长短、发酵温度、酒精度，等等。

在红葡萄酒的酿造过程中，萃取手法主要是指酒帽管理的具体操作。因为红葡萄酒发酵时，果皮会很快漂浮到酒液上方，形成厚厚一层酒帽。如果放任不管，不仅萃取不到多少东西，还容易产生有害的杂菌。最常见的两种酒帽管理方法是压帽和淋皮。压帽就是把酒帽压入酒液里，淋皮就是从罐底把酒液抽出，浇在酒帽上。压帽通常要比淋皮更温柔一些。发酵过程中压帽和淋皮的次数，影响萃取的轻重。

轻萃取的葡萄酒，通常酒体较轻、单宁较少；重萃取的葡萄酒，通常酒体较重、单宁较多。萃取程度要依据葡萄果皮的厚度和果实的成熟度判断，果皮薄或者成熟度较低的葡萄，适合较轻的萃取；果皮较厚或者成熟度高的葡萄，适合较重的萃取。

如果葡萄酒萃取不足或萃取过度，会出现什么情况呢？

如果萃取不足，会酿造出色浅、味淡、结构感不足的葡萄酒，通常没有多少陈年潜力可言；如果萃取过度，则容易萃取出大量苦涩的酚类物质，使得葡萄酒口感艰涩。

延伸阅读：进行苹乳发酵 vs 不进行苹乳发酵

苹果酸—乳酸发酵（简称苹乳发酵）通常发生在酒精发酵之后，通过乳酸菌，把味道尖锐的苹果酸转换成柔和的乳酸，使得葡萄酒的口感更加圆润。

在红葡萄酒酿造中，这是常规进行的步骤（因为单宁和苹果酸同时存在，会让一支酒显得过分艰涩）；而在白葡萄酒酿造中，酿酒师需要根据目标风格，选择是否进行苹乳发酵。

发酵完毕的葡萄汁就变成了葡萄酒。

怎么取出来也有学问，这里就要引入自流和压榨的概念。

红葡萄酒的压榨发生在发酵之后，自流酒指的是可以自然流出的酒，而压榨酒，则是通过压榨葡萄皮渣得到的酒（是酒）。

白葡萄酒，压榨发生在发酵之前，自流汁指破皮时自然流出的汁，而压榨汁则是葡萄皮里的通过压榨才能得到的葡萄汁。

无论红还是白，自流部分通常都被认为有更高的价值。自流汁/酒更纯净清澈，苦涩的酚类物质更少；而压榨汁/酒里酚类物质较多。对于红葡萄酒而言，少加一点压榨酒可以带来更多的单宁和更重的酒体，增强酒的结构感，有利于酒发挥陈年潜力，大多数红葡萄酒都会包含一些压榨酒。而高端白葡萄酒，出于对细腻口感的追求，通常只使用自流汁。

　　在发酵过程中，温度、发酵容器、调配方法等都会影响葡萄酒的发酵成果。

　　随着温控设施的普及，温控发酵成为更普遍的选择。葡萄汁在发酵时会大量散热，若不进行必要的降温，轻则丧失果香，重则酵母死亡，发酵终止。

　　红葡萄酒的发酵温度一般在 20~32℃；白葡萄酒的发酵温度则更低一些，通常在 10~20℃。

　　较低的发酵温度可以保留更多新鲜的果香，温度在 10~14℃还可以产生水果糖一样的酯类香气，所以芳香的白葡萄品种一般使用较低的发酵温度。

　　较高的发酵温度有利于萃取葡萄皮中的物质，带来更明显的结构感和更多复杂度，所以红葡萄品种发酵温度会更高一些。

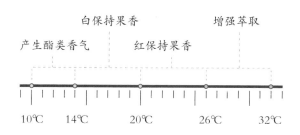

白葡萄酒　　　红葡萄酒
10~20℃　　　20~32℃

发酵温度横轴图

　　发酵容器有许多种，区别体现在三点：透氧性、容积和是否带来额外风味。不锈钢温控罐是现在最受欢迎的发酵罐，轻薄耐用、成本低、容量可选范围大、方便清洁、方便控制温度和隔绝氧气，这都利于酿出更干净新鲜的酒；水泥罐是较传统的发酵设备，造价便宜、易清洁，而且因为罐壁厚，所以方便控温，还有一定的透氧能力。有酿酒师认为，在水泥发酵罐中酿造的酒，相比于不锈钢发酵罐的，会多一些圆润的特质；橡木桶造价高、难清洁、保养成本高，但保温性能好，所以使得发酵温度更高，并且透氧性高，发酵过程会伴随轻微氧化，有利于酿造更圆润、更复杂的酒。如果是新橡木桶，还会使酒添加烟熏、香草和香料的风味。

　　调配，就是把不同的酒液按一定比例混合，以此来增加酒的复杂度和平衡感。它是酿造葡萄酒时必不可少的步骤，理论上可以发生在装瓶前的任何一个阶段，且可能不止一次。调配的定义很广，它可以包括不同葡萄品种间的调配（例如波尔多混酿），或者不同葡萄园之间的调配。即便是来自同一葡萄园的单一品种，从不同发酵罐里出来之后，风味和口感也略有差异，将它们混在一起也叫调配。自流酒和压榨酒的混合当然也属于调配了。

　　酿酒师可以选择在陈酿完成后再进行调配，以便更精准地把控最终的风格；也可以选择在陈酿之前或者陈酿过程中完成调配，这样可以在调配后继续陈酿，让酒里的各种元素更加和谐。

2.4

陈酿

　　陈酿通常也称为熟化、熟成或陈年。刚刚发酵出来的酒液其实状态并不稳定，口感也会比较粗糙，让酒液在容器里静置一段时间，可以稳定葡萄酒的状态，让它有更好的表现。

　　陈酿可选用不同的容器，包括不锈钢罐、水泥罐、橡木桶和酒瓶等等。

不锈钢罐和水泥罐　　　　　大橡木桶　　　　　小橡木桶

　　陈酿对酒造成的影响，主要由三种因素决定：

　　因素一，使用的容器是否透氧。

　　透氧熟化，指让葡萄酒缓慢氧化的过程，这样可以柔化葡萄酒，发展出更复杂的香气，但会损失一部分新鲜果香，使用橡木桶就是最典型的透氧熟化方式。但葡萄酒的熟化其实并不需要多少氧气，所以也可以在不锈钢罐或者瓶中做不透氧熟化，这样的熟化会更加缓慢。

因素二，容器有没有味道。

增味熟化，顾名思义就是能给葡萄酒加味儿。一些容器是可以给葡萄酒带来一些味道的，比如新橡木桶陈年就会给葡萄酒带来桶香，而不锈钢、水泥和中性大橡木桶则不会为葡萄酒增添味道。

有一些较廉价的酒款，陈酿时使用橡木片代替昂贵的新橡木桶，以求为葡萄酒带来额外的风味，但通常认为，这样的橡木香气与果香之间缺乏融合感。

因素三，受酒泥的影响大不大。

酒泥主要由死去的酵母组成，发酵后产生的粗酒泥需要及时去除，而之后的细酒泥，则可以被酿酒师利用，以增强酒的个性。葡萄酒带着酒泥陈酿，是一种历史悠久的做法，酒泥在陈酿过程中可以起到抗氧化的作用，还可以提升葡萄酒的质感和饱满度。

如果在带酒泥陈酿时对酒泥进行搅拌，这种工艺叫作"搅桶"，可以让酒泥与酒液充分接触。搅桶会大幅提升酒体的圆润感，但也会牺牲掉一些酒的新鲜度，需要酿酒师根据目标风格谨慎行事。

除了上述三点，时间也是影响陈酿的重要因素。

一般随着熟化时间加长，高质量的葡萄酒会发展出更多的复杂度，但葡萄酒被氧化的程度也越来越高。短时间熟化（从葡萄采摘到新品上市往往只需数月）更有利于保留果香和新鲜度；长时间的熟化（18个月甚至更长）可以柔化红葡萄酒的单宁，所以往往红葡萄酒需要更长的熟化时间。对酒庄来说，长时间熟化也意味着更高的成本。如果酒庄选择了长时间熟化，往往代表他们对葡萄酒的质量很有信心。

2.5
澄清和装瓶

　　一瓶清澈的葡萄酒，往往更容易被大众消费者接受。然而有两个因素会让葡萄酒显得混浊，一是葡萄酒在刚刚酿造完成时，酒液中带有一些悬浮颗粒；二是葡萄酒在瓶中陈年的过程中，酒中的物质彼此之间发生化学反应，形成沉淀物。

　　为了应对这两种情况，下胶和过滤是最常见的澄清方式。下胶是通过往酒中加入澄清剂，与酒里的物质结合，让陈年以后可能形成的沉淀在装瓶之前就析出，方便过滤掉。过滤则是通过物理方式把酒中的悬浮物去除掉。

　　工业化量产的葡萄酒往往过滤程度较高，以保证每瓶酒都十分清澈。然而重度过滤会抹掉酒里的一些风味细节，所以高质量的葡萄酒更倾向于较轻的过滤，甚至完全不做澄清过滤。这样的酒虽然看上去没那么清澈，陈年后也会析出更多沉淀，但是更加复杂和有趣。

　　二氧化硫是葡萄酒重要的抗菌剂和抗氧化剂，大部分的葡萄酒，从采收到装瓶过程都需要二氧化硫的保护。各国对于葡萄酒里二氧化硫含量都有严格规定，除了极少数对二氧化硫过敏的人，微量的二氧化硫对人体是无害的。

通常来说，大批量生产的葡萄酒需要加入更多的二氧化硫，一是因为果实健康程度不足，需要二氧化硫杀菌；二是因为各个酿造环节不够精细，需要较多的二氧化硫保持稳定性。

产量较少的高质量葡萄酒，会努力控制二氧化硫的用量，通过更加精细的酿造管理来实现抗菌和抗氧化的目的。有的甚至在采收和酿造时不加二氧化硫，装瓶时才加一点，以便在"原汁原味"的审美情趣和必要的稳定性之间找到平衡点。

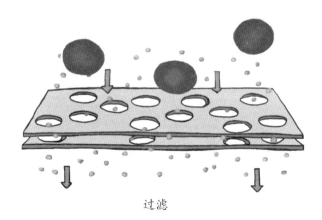

过滤

醉鹅娘小贴士：三种常见的葡萄酒瓶型

葡萄酒装瓶时，往往使用不同的瓶型，这跟地区文化有关。

常见的有波尔多瓶、勃艮第瓶、阿尔萨斯笛形瓶等。

波尔多瓶型的瓶肩设计有利于倒酒时把沉淀物留在瓶里，这是因为波尔多的葡萄酒更需要陈年，而陈年往往会产生大量沉淀；勃艮第瓶是一种更传统的瓶型，它溜肩的设计对早期的玻璃工艺来说制作更简单，然后就一直被沿用下来；起源于德国莱茵地区的瘦高笛形瓶被德国雷司令广泛使用，这在德国并没有强制规定，但在法国阿尔萨斯产区却被写进了法律里，阿尔萨斯的白葡萄酒必须要使用笛形瓶。

波尔多瓶　　勃艮第瓶　　阿尔萨斯笛形瓶

第

3

课

风味密码：香气
和口感可以这样辨别

通过前两课的学习，我们知道，葡萄中的糖分通过酵母转化为酒精，以及葡萄皮给酒带来单宁。

除了酒精度和单宁之外，评价葡萄酒还有一个重要的维度，那就是"酒体"。我们通常从酸度、酒精度、单宁和酒体等角度评价一支葡萄酒的口感结构。在此基础上，发展出了丰富的品酒文化。

3.1
通过葡萄理解葡萄酒之味

很多老师在讲授品酒基础知识时都告知，品酒先从嗅觉和味觉感受开始，比如感受酸度和涩度。

其实在知道这些元素之前，应该先了解一下葡萄的味道。因为毕竟葡萄酒是葡萄酿的，葡萄吃起来是什么味儿，和酒被酿出来是什么味儿之间是有极大关系的。并且，葡萄酒是所有酒类中十分注重原材料的，是能喝出原材料味道的酒。从葡萄出发，才能正确理解一些品酒时出现的概念。

葡萄酒其实是葡萄皮味儿的

首先让我们回想一下，吃葡萄时能品尝到什么味道？葡萄既有糖分也有酸度，所以吃起来酸酸甜甜的。葡萄外面有一层皮，如果不剥皮直接吃，就能感受到涩涩的——可能还微微发苦的味道，这也就是葡萄皮给酒带来的"单宁"。葡萄皮本来是保护"葡萄宝宝"的，而里面的单宁等物质因为可以抗氧化，在葡萄酿成酒之后还能继续起到保护作用。

葡萄皮是葡萄酒风味的主要来源。所谓风味，和酸度、甜度都没关系，酸、甜纯靠味觉感受，"风味"则是需要靠嗅觉才能感受到的——这也是我们感冒鼻子堵的时候尝不出食物风味的原因。大多数葡萄的果汁其实都是没什么风味的。我们闻出葡萄酒的香气依靠的是前鼻腔嗅觉，而口中风味依靠后鼻腔嗅觉。

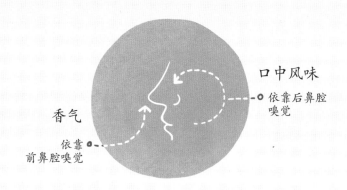

葡萄皮成熟很重要，成熟才能风味足

为什么有些葡萄风味足，有些风味不足呢？因素有很多，但最重要的就是葡萄是不是足够成熟。葡萄的成熟有两个维度：

维度一是糖分成熟度，即葡萄有多甜。

糖分成熟的判断依据是葡萄的含糖量。因为糖会在发酵中转化成酒精，所以越甜的葡萄，可以酿出酒精度越高的葡萄酒。

维度二是生理成熟度，即葡萄的风味有多足。

生理是否成熟的判断依据是葡萄皮和籽是否完全成熟。生理成熟度越高的葡萄，风味物质含量越高，酿出来的酒风味更足。

随着葡萄日渐成熟，含糖量在提升，同时生理成熟度也在提升。但是它们的变化速度不一定同步。比如温室里的水果，糖分成熟得很快，但是缺乏自然条件下才能积累的生理成熟度。这也是为什么大家会觉得温室里出来的水果即使"熟了"，也"没味儿"——因为这里的"熟"只是糖分熟了，而只有生理成熟才能让水果"有味儿"。

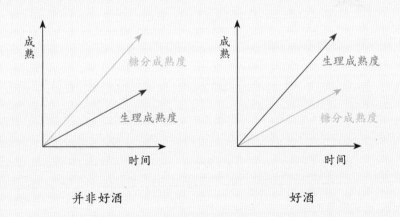

并非好酒   好酒

因此，我们在衡量葡萄是不是足够成熟的时候，不光要看糖分是不是积累够了，还要看风味是不是足够。这也是现代葡萄种植和传统种植的分水岭。传统的葡萄酒农业只看糖分成熟度这种简单指标，现代葡萄酒的品质可以说完胜早先的葡萄酒，而对于生理成熟度的关注，正是重要原因之一。

葡萄的糖分成熟度和生理成熟度一起决定酒体

当我们把糖分成熟度和生理成熟度这两个概念转化成品酒语言的时候，就引出了传说中的"酒体"。糖分会转化成酒精（或留下残糖），而生理成熟度会转化成浓郁度，酒精度和浓郁度加在一起，会决定一支酒在嘴里的"重量感"，也就是"酒体"。所以现在你应该明白了，尽管酒体轻重大部分由酒精度决定，但酒体不等同于酒精度，因为酒体还和风味的浓郁度、复杂度有关。

现在问题来了，是不是酒体越重，葡萄酒的质量就越好？往往有老师会告诉你"不是的"或者"不一定"。我认为这样的答案有些偷懒，就好像一个小朋友问你是不是学历越高代表智商越高，当然可以偷懒回答"不是的"或者"不一定"，但也可以稍微努力一下，给出更用心的答案。

那我就来试着回答"酒体越重，质量就越好吗"这个问题。酒精度偏低的淡雅风格，和酒精度偏高的厚重风格，两者之间当然不存在谁好谁差的问题。但即便是淡雅风格，也需要足够的风味。就像上好的鸡汤，虽然质地薄，却有很浓的风味。因为风味浓度会影响酒体轻重，所以酒体和质量是有一定程度的关联的。并且你会发现一个现象：相同风格属性下，如果比较同一酒庄的基础款和高级款，往往高级款酒体更饱满，风味浓度更强。你还会发现，酒圈人士也经常会把"没有酒体"作为对一支酒的负面评价。

其实很多质量不高的酒，作为其原材料的葡萄往往糖分成熟度高，但生理成熟度不够。风味不够但酒精度高，你说它算是重酒体还是轻酒体？不过是重酒体虚假表象下的寡淡罢了，就像食材本身不够味，就使劲用油用盐撑起味道的菜肴一样。

总结一下，我们通过葡萄的成分理解了：葡萄的酸度直接和酒的酸度有关，葡萄的糖分会转化成酒精，葡萄皮的涩感会成为酒里的单宁，葡萄的糖分成熟度和生理成熟度一起决定了酒体轻重。

这样，我们就得到了一个多维的葡萄酒的口感结构：酸度、酒精度、单宁和酒体。其中，酒体是葡萄酒的肉，而酸度和单宁是葡萄酒的骨架。本课 3.2 和 3.3 会详细深入地讲解口感和风味元素，并且告诉你这"骨"和"肉"是怎样共同撑起葡萄酒的结构的。

3.2

品酒的四个步骤

在了解葡萄酒是如何体现葡萄的味道之后，我们来讲一讲如何通过正确的"姿势"更加细致地体会味道。

先从品酒的步骤说起，正统的品酒步骤可以用"四个 s"来形容：看（sight）、闻（smell）、晃（swirl）、尝（sip）。

看：澄清度、颜色深浅及色调、边缘色带

观察一款酒的时候要尽量找浅色背景，在专业品酒环境下则需要白色背景，其实拿张 A4 纸就行。光线上，自然光最好，如果是人工光源，也尽量选择白灯光，因为色调过暖或过冷会影响对色泽的判断。

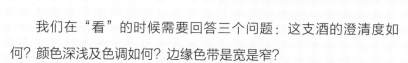

我们在"看"的时候需要回答三个问题：这支酒的澄清度如何？颜色深浅及色调如何？边缘色带是宽是窄？

一看澄清度。

澄清的酒说白了就是不浑浊，清澈明亮。其实在葡萄酒酿造业还没有发明出那么多技术手段之前，是没有酒能做到真正完美澄清的。而自从有了过滤甚至强过滤的技术手段后，过滤工艺曾一度被过度使用。有酿酒师认为，过度过滤会降低酒的品质，损失风味物质，让酒失去个性。一般来说，比较商业化的葡萄酒都会在澄清度上做得漂亮，毕竟现在消费者对于"渣子"或者浑浊是非常敏感的，所以在新世界产区，常见的大品牌葡萄酒往往都是清澈透亮的；相反，旧世界产区的酿酒师对过滤会很谨慎，一般只做轻微的澄清处理，或者完全不进行澄清过滤，这样酒的颜色可能就没那么透亮，但个性被更多地保留了下来。尤其是追求零处理的"自然酒"，经常会有明显的浑浊。

不过，如果酒中出现显而易见的絮状悬浮物，或者灰暗无光，往往是变质的表现。

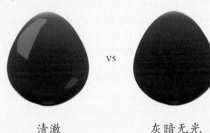

清澈　　　　VS　　　　灰暗无光

二看颜色深浅及色调。

对于红葡萄酒来说，如果把手指放到酒杯后面，手指能被透视的话，说明这款酒的颜色比较浅；如果完全看不见手指，就说明酒的颜色比较深。对于干白葡萄酒来说，颜色最浅的酒几乎和白水一样，只有轻微的稻草色，颜色很深的干白类似琥珀色。不过，到底多浅算浅，多深算深，没有绝对意义上的标准。

葡萄酒的色调乍看起来都差不多，比如红酒好像都能用"宝石红"来形容，但其实"宝石红"只是红酒颜色的一种。因为只要你仔细去做对比，就会发现如同口红色号一般，红酒的颜色简直千差万别！这种千差万别主要体现在颜色深浅和色泽上面，它们受很多因素影响，尤其是葡萄酒的橡木桶熟化和陈年发展，以及品种的不同。

陈年这个因素往往最容易被初学者理解。"年轻"的红葡萄酒通常颜色鲜艳，为紫红色或宝石红色，略微带紫色色调。在陈年过程中，逐渐转向瓦红或砖红色，而棕红色就是非常明显的陈年痕迹了。白葡萄酒在陈年过程中，颜色会逐渐加深，从亮黄甚至带点青绿，慢慢走向金黄，最后也会转为棕色。简而言之，无论是红葡萄酒还是白葡萄酒，任何"变棕"的变化都是老化的表现。如果葡萄酒在橡木桶里长时间熟化，因为和氧气接触，也会发生和陈年相似的变化，而且通常比装瓶后陈年颜色变化得更快。

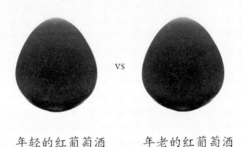

年轻的红葡萄酒　　　年老的红葡萄酒

除了过桶和陈年以外，气候也是会影响葡萄酒的颜色的，一般来说，气候寒冷地区的葡萄的色素含量会比较少，所以葡萄酒的颜色就会更浅；气候较热地区的葡萄经常会积累更多的色素，葡萄酒也有更深的颜色。不过这只是大体上的规律，个别冷凉气候区的葡萄品种，比如品丽珠，天生就是深紫色，而也有热气候的葡萄品种，比如歌海娜，天生就是浅红色。

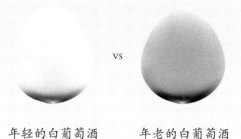

年轻的白葡萄酒　　　　　年老的白葡萄酒

延伸阅读：描述颜色深浅及色调时可以使用的词汇

颜色深浅：浅（pale）、中（medium）、深（deep）；

白葡萄酒色调：稻草黄（straw）、黄（yellow）、金黄（gold）、琥珀色（amber）、棕（brown）；

桃红葡萄酒色调：粉红（pink）、三文鱼色（salmon）、铜色（copper）；

红葡萄酒色调：紫红（purple）、宝石红（ruby）、石榴红（garnet）、茶色（tawny）。

结合颜色深浅和色调，在形容葡萄酒颜色的时候，我们要在两方面各选一个词组合起来用，比如浅稻草黄（pale straw）。

三看边缘色带。

葡萄酒液面接近杯身的地方慢慢变浅，逐渐变浅的这"一段"我们称之为"边缘色带"。我自己曾用一个俏皮的比喻来形容边缘色带，就是"光圈"，边缘色带宽的就是光圈大，边缘色带窄的就是光圈小。

整体颜色比较浅的葡萄酒，自然边缘色带会比较宽，同理，颜色深的葡萄酒边缘色带比较窄。但陈年的过程会让边缘色带从窄变宽，从边缘清晰到边缘模糊。

边缘色带的颜色会微微区别于葡萄酒的主色调，那我们如何形容边缘色带周边的颜色呢？可以用"tinge"（染）来表达，比如你说某款酒有"brownish tinge"（染了棕色），意思就是泛了一点点棕，再配上更宽的边缘色带，就是陈年的痕迹了。

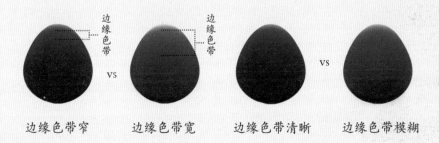

边缘色带窄　　　　边缘色带宽　　　　边缘色带清晰　　　　边缘色带模糊

闻与晃：强烈度、果香与非果香、三级香气

我们都知道第一印象对一个人来说有多重要，其实酒也不例外。香气不佳的酒，即便口感不错，也会让人对它的印象大打折扣。

我们往往把对香气的第一印象说成是"第一鼻子"（first nose），之后持续的表现称之为"第二鼻子"（second nose）。

和对待人一样，我们在品酒时要对"第一鼻子"高度关注，因为此时你的嗅觉是最敏感的，就像人在刚刚走进一间屋子时最能感知到屋子里的气息一样。但同时，我们也不要太过执着于"第一鼻子"，因为你会发现，酒的口感还有后续香气表现的"后劲儿"更重要。

那具体怎么闻香呢？酒倒入杯中，先不要摇晃，可以把杯子放在桌上，从杯口上方吸气闻香。静止闻香只能闻到酒表面扩散性最强的那部分香气，等到觉得充分感受了静止部分的香气，再晃杯。另外，不要闻两下就结束，香气是会持续变化的。

从理论上说，我们闻香的第一步应该是判断酒的香气是否有明显缺陷，而不是去找具体有哪些香气。不过我觉得，作为刚开始学品酒的人，倒是可以先不必考虑缺陷这件事，原因是缺陷十分明显的葡萄酒现在还是比较少的，如果真碰上

了，那你肯定想也不用想就会直接说"好臭啊""怎么闻起来怪怪的"，那就根本不需要进行后续的品酒步骤了。而对于那些缺陷"不够明显"的酒呢？能够抓住这种"小缺陷"其实对技能要求非常高——还是先把针对无缺陷葡萄酒的品酒技能学会后，再学习如何品出"不够明显的缺陷"吧。

闻完静止香之后，就是喜闻乐见的晃杯啦！为了更优雅，酒杯里的酒不要高于杯肚直径最大处，否则酒是晃不起来的。

晃杯后，香气一般会更加明显强烈，这时你可以充分对比晃之前和晃之后的差异，从而帮你对这支酒有更深入的了解。经验之谈是，如果晃杯后香气明显增多，或许是一条小线索，提醒你可以通过醒酒让香气充分释放。

另外，晃杯后也可以顺便看一眼"wine legs"（酒泪、酒腿），也就是大家常说的"挂杯"。挂杯多少这件事主要和酒精度有关，酒精度高的挂杯多，酒精度低的挂杯少。但是我觉得挂杯多不多也取决于怎么晃，把它当成次要参考标准就好了。

之前有一位侍酒大师和我说，每次看到被搁置一段时间的酒被其他人端起来直接晃，他就很难受，因为这样的话，积攒在杯子里偏挥发性的香气就会被一下子晃没了。确实，很多人容易下意识晃杯，下次可要记住，静止香和晃杯香，一个都不能少哟。

　　在假设酒没有缺陷的情况下，我们需要在初闻香时回答三个问题：

　　1. 香气是强是弱？

　　2. 果香更重还是非果香更重？具体的果香和非果香分别是什么？

　　3. 以一级香气、二级香气还是三级香气为主？

　　这里出现了一些比较专业的概念，别着急，我一点点来解释。

　　我们先来认识香气的强烈度。

　　把杯子凑在鼻下，是否能一下子感知到香气？是香气扑鼻而来，还是闻不到太多东西？如果香气溢出杯子，那这支酒就是高强烈度，如果使劲吸鼻子才能微微闻到香气，那就是低强烈度。

延伸阅读：描述强烈度时可以使用的词汇

封闭的（closed）、被抑制的/还未被释放的（subdued/reticent）、香气表现力强的（expressive）、如香水般芳香的（perfumed）、强烈的（intense）。

强烈度的高低并不能作为判断葡萄酒好坏的标准。因为低强烈度可能是因为酒正好处于"封闭期"，需要以醒酒或陈年的方式才能打开；而高强烈度也有可能是因为葡萄品种天生就香，也就是传说中的"芳香型品种"。

不过，我们还是可以根据现象总结：质量不好的葡萄酒往往香气不强烈，并且就算偏强烈，也是扑鼻而来的酒精感，而不是真正的果香和复杂香气。而质量好又处于适饮期的顶级葡萄酒往往香气强烈，并且不是那种横冲直撞的强烈，更像澡盆里自然氤氲出来的蒸汽，一汩汩的，温柔地涌进鼻腔。

再说说"果香"这件事。可能"果香"还好理解，但是"非果香"是什么呢？

顾名思义，"非果香"就是任何会出现在葡萄酒里的并非果香的香气。葡萄酒有三个级别的香气，橡木桶给酒带来的香气是二级香气，陈年给酒带来的香气是三级香气，它们都是葡萄酒中最典型的"非果香"。

香气屋顶图

三级：陈年香气

二级：酿造香气

一级：果实香气

"非果香"也可能来自葡萄本身，比如青草味、黑胡椒味、石板味，等等。葡萄酒香气的世界包含万千，无论是"老皮革上面蹭了点儿巧克力"的具体香气，还是"下雨后的屋檐"这种抽象的香气，"非果香"都是葡萄酒最能激发品酒者嗅觉想象力的部分，也是葡萄酒最具有魅力的地方。

如果你还是初学者，不一定能把握好"非果香"具体包含哪些，但至少你多少能感知果味的甜美。所以我们在闻香时只需要回答"果香"有多重。如果闻到的香气很甜美，这多半是一支果香为主导的酒，用专业词汇描述就是"果味主导"。如果你不觉得甜美，就可以说这支酒"非果味主导"。

能够在果味轻重这件事上做出判断，你就已经在判断香气上迈出重要的一步了！

接下来我们要回答的是，分别闻到了什么果香、什么非果香。我们来细致看一下，都有哪些公认的分类。

果香型

如果一款葡萄酒果味非常突出并且没有太多其他香气，我们就称之为果味型葡萄酒。果味型的酒通常给人感觉更"甜"。

也许有人会觉得这种风味的酒听起来不高级——没错，如果一支酒只能被描述出果味而完全没有复杂度，那么它不会是高级酒，但你也要知道，很多酒连果味这一关都没过！如果连果味都显得空洞或不够成熟，就不配谈更多"高级"的风味——比如矿石气息、雪茄盒味道什么的。这就好比，如果一个人连基本的语法都没掌握好，就不应该讨论他写小说的天赋。

红葡萄酒的果香主要以两种颜色做区分：红色水果类、黑色水果类。

红色水果包括整体口感更轻且酸度高的水果，一般在气候偏冷的产区比较容易见到。红色水果香气包括：草莓、蔓越莓、山楂、覆盆子、红樱桃等。典型红色水果葡萄酒有：智利红鸟珍藏梅洛干红（Flamenco Andino Merlot Reserva）、福克森圣玛利亚山谷黑皮诺干红（Foxen Santa Maria Pinot Noir）。

黑色水果包括口感更重、甜度更高、酸度更低的水果，黑色水果类酒需要由更高成熟度的葡萄酿造，一般来自气候偏热的产区。黑色水果香气包括：黑樱桃、黑李子、黑加仑、桑葚等。典型黑色水果葡萄酒有：麒麟酒庄干红（Château Kirwan）、皮耶罗潘酒庄瓦波利切拉阿玛罗尼干红（Pieropan Amarone della Valpolicella）。

除了红果、黑果这两个最大的派系，还有"蓝色水果"，如李子、蓝莓。不过"蓝色水果"这种说法相对少见，一般只在特定品

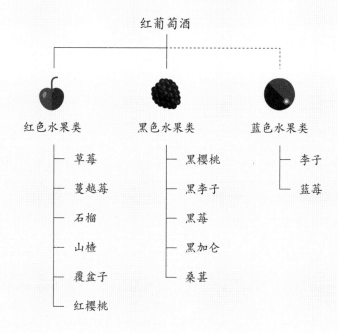

种中出现。典型蓝色水果葡萄酒有：阿兰格优克罗兹埃尔米塔什干红（Alain Graillot Crozes-Hermitage）、菲丽酒庄马尔贝克干红（Achaval Ferrer Malbec）。

白葡萄酒的果味类型主要分成四大类：核果、苹果和梨、柑橘、热带水果。为什么"苹果和梨"是一类？因为它们是近亲。

很多葡萄酒品种都可以划进"苹果和梨"分类里，这些品种主要来自气候凉爽的地区，因为成熟度不高，风格比较清爽，所以可以用"苹果和梨"来形容。典型苹果和梨白葡萄酒有：阿塔迪酒庄凯恩庄园干白（Artadi Viñas de Gain Blanco）、麓美庄园夏布利干白（Domaine Louis Moreau Chablis）。

带有热带水果香气的白葡萄酒，通常来自气候温暖的产区，这些地方的果实成熟度往往很高，所以给人感觉十分甜美。但也有例外，比如百香果虽然是热带水果，但口感偏酸，而带有百香果香气的葡萄酒也并非来自温暖的产区。典型的热带水果白葡萄酒：艾玛娜霞多丽干白（Amayna Chardonnay）、吉家乐世家酒庄干白（E. Guigal Condrieu）。

还有一类果味是果干香，比如杏脯、无花果干。果干香是和新鲜水果相对的，往往出现在用非常成熟的葡萄酿的酒（尤其是甜酒）里。试想，果干在水分蒸发后是极度浓缩了糖分的，而精品甜酒也是葡萄的糖分浓缩后的结果，所以一般精品甜酒的果味就是"果干香"了。另外，当果香型的葡萄酒陈年后，新鲜的果香也会转变成果干香，所以在不甜的葡萄酒里如果感受到了果干香，往往就说明这瓶酒有一定的年龄了。典型的果干香白葡萄酒有：古岱酒庄贵腐甜白（Château Coutet）、托卡伊 6 篓奥苏贵腐甜白（Pauleczki-Vin Tokaji Aszú 6 Puttonyos）。

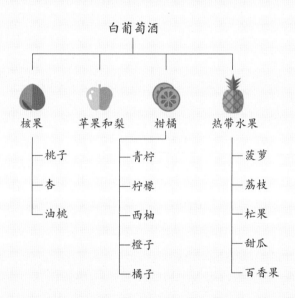

此外，不是所有的白葡萄香气都能被放进最常见的这四种水果类型中，比如说"长相思"里经常会出现的鹅莓（醋栗）就放不进去——有人会把它称为"青色水果"，但这样的话，青柠、青苹果这些本属于别的分类的水果也可以放到青色水果类目里，这样会让白葡萄酒的果味分类更复杂。并且青色水果往往会让人感觉很不成熟、

带贬义，因此干脆忽略掉。

如果还想进阶一步，更细致且更高阶地去感受葡萄酒的果味，那我建议你从三个角度切入：

第一，思考一下你感受到的水果的成熟度。即便是同一种水果，成熟状态和不成熟状态的味道是很不同的，比如说，熟菠萝甜美多汁，青菠萝更酸。那么你手里的酒，更接近熟菠萝还是青菠萝呢？

第二，思考一下你感受到的是水果的哪个部位。比如，柠檬皮带了果皮的清香，柠檬汁是果味最浓的，柠檬籽有些许苦。

第三，思考一下你感受到的水果是否被"处理"过。比如，味道更接近新鲜樱桃，还是在超市里买到的樱桃罐头，还是被加热烘焙过的樱桃布丁甜点，又或者是樱桃酒？陈年往往让果味变得不那么"新鲜"，有"处理"后的痕迹。

总而言之，果味听上去是一个简单的风味类型，但其中的变化还是非常多的。基本上，当你给酒指定一种对应水果的时候，你不光描述出了味道，同时也能八九不离十地把水果的酸甜平衡投射到酒上，进而反映出葡萄酒的风格。例如，一支覆盆子香气为主的红酒，不光有覆盆子的味道，一般来说口感上也会有覆盆子清新的酸度和轻盈的口感，而这样的葡萄酒一般来自气候偏凉爽的产区。

非果香型

现在我们终于要进入这个念起来拗口的"非果香"领域了！如果非果味的香气很明显，我们就不用"果香"来描述一款酒。

非果香有四个常见类型：木桶型、花香型、香料型、咸鲜型。

为了更好地理解和感知不同香型，可以这么理解：它们要么偏"甜"，要么偏"咸"。其中，花香型和木桶型都是偏甜的，咸鲜型总体上偏咸，香料型不好说，可甜可咸。

接下来我会展开讲讲，描述非果香的各类型时都有哪些具体的风味词汇可以使用。如果加上果香型使用的，可以说基本涵盖了主流酒圈会用到的词汇。等到以后"实战"的时候，无论碰到的"对手"词汇量有多丰富，你都见怪不怪了。

也许你在看到某些词汇时会想：这也太浮夸了吧，酒圈真的有人会用这些词吗？相信我，真的在用！这张庞大词汇表里的每一个词，从自然界到烹饪界，都曾被用来形容酒。我想，葡萄酒真的抓住了人们对世界的想象力。

这里还要说明一点：找准酒的"香型"，比描述酒的具体风味更重要。因为越具体的风味词汇，越难传达真正有用的信息。哪怕两个品酒专家在品同一瓶酒，他们也很难在具体风味上完全达成共识——也许一个专家嘴里的"黑樱桃和肉桂"，就是另一个专家嘴里的"黑莓和丁香"，但在大概率上，两位专家都会承认这款酒是"香料型"的。当然，知道都有哪些词汇可供选择，能帮你加深对"香料型"的理解。

尽管一些香气复杂的酒可能每种香气都包含一点，我们仍然要学会找到它最突出的香型，而不是堆砌很多香型以致失去重点。这个道理和对人的描述一样，我们描述一个人要找到其身上最大的特点，比如描述某位女士"清秀"，但如果在描述完"清秀"以后，还要说她"窈窕""活泼""有气质""热情"，到最后反而让人不知道她的特质究竟是什么了。

我们先从花香型说起。

花香型又名"花果香型"，是受欢迎程度最高的香型，比果香多了复杂度和层次感，却不会让人感觉过于沉重，尤其是对女性来说。毕竟，谁能拒绝甜美的花朵呢？

红葡萄酒的花香属深色花系，白葡萄酒的花香属浅色花系。所以，如果想形容红葡萄酒的香气，你可以用：玫瑰、玫瑰花瓣、紫罗兰。

如果想形容白葡萄酒的香气，你可以用：金银花、合欢花、甘菊、接骨木花、百合花。

当然，如果你根本搞不清楚花与花之间微妙的不同，尤其当它体现在酒里的时候，请放心，你不是一个人，酒圈的人往往也分不清楚，所以我们才会发明出"小白花"这样的词汇，英文中有"spring flowers"（春天的花）和"garden flowers"（园林花卉）这些含混不清的词汇，来形容花团锦簇的感觉。

典型花香型葡萄酒和对应香气是：洛伦兹酒庄琼瑶浆干白（Gustave Lorentz Gewürztraminer），玫瑰；吉家乐世家酒庄干白（E. Guigal Condrieu），合欢花；阿兰格优克罗兹埃尔米塔什干红（Alain Graillot Crozes-Hermitage），紫罗兰；嘉科萨酒庄巴巴莱斯科阿斯利园干红（Bruno Giacosa Barbaresco Asili），玫瑰。

再说说香料型。

如果葡萄酒的香料气息特别明显，应该是因为接触过橡木桶。当然不能一概而论，因为有些葡萄品种天生香料味重，并且葡萄的成熟度也会影响一款酒香料味的浓淡。

香料型可"咸"可"甜"。所谓"咸感香料"就是我们在烹饪时可能会用到的一些香料，比如黑胡椒、白胡椒、八角、孜然；所谓"甜感香料"就是更常和烘焙甜点联系在一起的香料，比如杏草、丁香、肉桂、甘草糖、可可粉、姜。

典型香料型葡萄酒和对应香气是：火焰鸟巴罗莎西拉干红（Turkey Flat Barossa Valley Shiraz），咸香料；芳香之神特级珍藏干红（Muriel Gran Reserva），甜香料。

木桶型又是指什么呢？

在果味的基础上，如果木桶带来的烘烤香和香料味在整体香气里最明显，我们就称这款酒为木桶型。往往木桶型的酒浓郁度不会低，因为只有浓郁度足够的酒味道才能和桶味平衡。当然，也有那种桶味盖住了葡萄酒应有的果味的，我们会称之为"用桶过重"，是一种贬义的说法。

木桶给葡萄酒带来的典型香料味包括香草、肉豆蔻、肉桂、丁香、椰子粉和可可粉的味道。

木桶型不光有木桶带来的香料味，还有烘烤味。这是因为橡木桶的制桶过程本身需要通过烘烤来完成，如果烘烤程度深，就很容易给酒带来焦香甚至熏烤的味道。但如果烘烤的感觉过于明显，不会给人特别高级的感受。用来形容这些香味的词汇有：烘烤味、烟熏味、炭化木头、烟灰、咖啡。

有没有让人感觉更"高级"的木质味道呢？恐怕这些都是：熏香、松树、雪松、檀香木、香樟木、雪茄盒。这些香气更含蓄，并不会喧宾夺主，往往也在衬托着其他香型，所以哪怕它们出现了，我们也往往不会用"木桶型"来形容。

最后是咸鲜型。

"咸鲜"的英文是"savory"，"savory"这个词没有完全意义对等的中文，一定要翻译的话，就是"用咸的元素去激发食物的鲜美"。即便是甜食，如果有一点咸的元素，也可以形容为"savory"，比如焦糖海盐。咸鲜往往是一种复合型的味道。

通常，有一些陈年痕迹的酒更容易有咸鲜风格，但一些年轻的酒因为风土和品种的原因也可以咸鲜。"咸鲜"往往是褒义词，代表着更好的复杂度。

咸鲜型大体上有七类，包括和大地有关的泥土类、矿石类，和植物有关的草本类、坚果类，以及和烹饪食物有关的动物类、奶油和面包类、焦糖和甜点类。

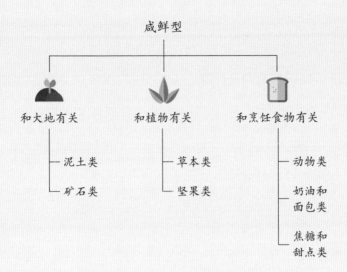

顾名思义，矿石和泥土的香气会让你联想到大地的味道，草本和坚果让你联想到植物的味道，动物、奶油、面包、焦糖、甜点则会让你联想到烹饪食物的味道。

咸鲜型的七大类型又可各自分出很多香型，如果细数的话大概有近百种。

常见的咸鲜型葡萄酒和对应香气是：洛佩斯埃雷蒂亚酒庄唐园珍藏干红（R. López de Heredia Viña Tondonia Reserva），泥土类；露森黑金半甜雷司令（Dr. Loosen Riesling），矿石类；灰瓦岩长相思干白（Greywacke Sauvignon Blanc），草本类；薇娜 AB 阿蒙蒂亚干型雪莉酒（González Byass Viña AB Amontillado），坚果类；黛尔酒庄邦多尔干红葡萄酒（Domaine de Terrebrune

Bandol），动物类；查尔斯海德希克天然型香槟（Champagne Charles Heidsieck Brut Réserve），奶油和面包类；哥伦布10年华帝露马德拉（Colombo Madeira 10YO Verdelho），焦糖和甜点类。

提及葡萄酒的风味，信息量非常大。现在只需要知道有这些风味存在，具体的探索将是一条漫长的道路。如果你不知道上述风味可以用来形容葡萄酒的话，想象力就很有可能被限制住。即便上面列举的风味清单已经比较全面，但还是有很多没包含，因为葡萄酒的风味描述不存在"超纲"之说，只要别太夸张或主观（比如说什么"我外婆毛衣的味道"），用什么其实都可以。

尝：酸度、单宁、酒体、酒精度、甜度、苦味

现在终于要开始喝啦！

轻啜一口，不要过多也不要太少。为了使品尝的酒样有可比性，每次喝进口中的酒量应一致。入嘴后，我们可以把酒在口中的体验分成三个阶段：第一感受（attack）、中间地带（mid palate）、回味（finish）。

"第一感受"就是酒刚进嘴时那种冲击力，"中间地带"是冲击之后、咽下之前酒在嘴里的感受。

初学者往往会过多体会第一感受，而没有注重后两个阶段，但酒的质量高低恰恰在"后半段体验"中高下立判。好酒的中间地带扎实，回味悠长，不好的酒中间地带是"空"的，回味也会有不愉悦的感受。所以，如果想完整体验酒的味道，可以先从关注酒的回味开始。

尝酒时我们需要回答 7 个问题：

1. 酸度是高是低？

2. 单宁（涩度）是高是低？

3. 酒体是轻是重，能否猜测一下酒精度？

4. 甜度是高是低？如果是干型酒，是否有残糖？

5. 是否有苦味？

6. 回味是长是短，是否愉悦？

7. 整体的口感风格是什么，是以酸度、单宁还是酒体作为主导？

一般的品酒课程会告诉大家，舌头有四个主要的感知区域：舌尖感甜、舌根感苦、舌侧感酸、舌面后端感咸。但最新研究表明，人对味觉是整体感受的，不必过分执着于舌头的部位。

酸度

酸度之于葡萄酒的作用有两个。一方面，好的酸给葡萄酒的口味提供清新爽口、强劲有活力的感觉，是口感平衡的重要元素；另一方面，酸度帮助葡萄酒更好地陈年。因为高酸环境会限制微生物的滋生，提高葡萄酒的稳定性。并且酸度会影响颜色的显示（高酸度低 pH 值的红葡萄酒看起来更红更亮），让酚类化合物不那么容易发生褐变反应，提高葡萄酒的抗氧化性能。因此越需要陈年的酒，对于酸度的要求越高。当然，我们要的是高质量的酸，而不是尖刻的"硬酸"。

常规的葡萄酒教学会告诉你，对酸度的评判分成 5 个档位：低酸、中低酸、中酸、中高酸、高酸。

但这样的评判并不足够，因为任何不谈"质"只谈"量"的品酒描述都是片面的。如果只谈量的话，直接把实验检测的葡萄酒酸度值拿出来说不就得了？实际上，同样酸度值的不同的酒可能给你带来的酸度感受是不一样的，有的尖刻，有的多汁，有的柔和。

这是因为我们对酸度的感知还会受葡萄酒其他口感维度的影响，比如说浓郁度和涩度，尤其是如果一支酒还有残留糖分的话，就更容易影响我们对酸度的判断了——道理很简单，好比往一杯柠檬水里加了糖，喝起来就不会那么酸。

所以你要明白，当品酒词里写"酸度中上"时，并不存在客观的"酸度中上"，而是指综合感受。既然是综合感受，就有表达酸度感受的更好的方法和词汇。

首先，在怎么判断酸度高低上，我们要知道口水是不会骗人的，越酸的酒让我们分泌的口水越多。具体的方法就是在咽下酒或吐出酒之后，身体稍微往前倾，感受一下到底有多少口水流出来。如果口水急速而大量地涌到口腔前端，那么你尝到的就是高酸的酒；如果口水缓慢且少量地流到口腔前端，那么你尝的就是低酸的酒。

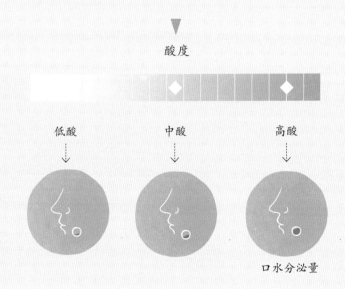

酸度

低酸　　　　中酸　　　　高酸

口水分泌量

延伸阅读：为了更好地感受酸度的"质"而不是"量"，你需要知道的一些词汇

酸度不够，使得酒喝起来不新鲜或特别平淡的：平的（flat）、松弛的（flabby）、弱的（weak）；

酸度偏低且愉悦的：柔和的（soft）、圆润的（round）、温柔的（tender）；

酸度偏高且愉悦的：新鲜的（fresh）、多汁的（juicy）、明亮的（bright）、清脆爽脆的（crisp/zesty/racy）、活泼的（lively/zingy/vibrant）、坚实的（firm）、令人精神一振的（nervy）、钢铁般的（steely）、电击一般的（electrical）；

高酸但不愉悦的：尖刻的（tart/sharp）、硬的（hard）、棱角过于分明的（angular）、生青的（green）、严厉的（harsh）、刺嘴的（biting）、过酸的（sour/acidic）。

典型的高酸葡萄酒有：福地酒庄古典奇安蒂干红（Fontodi Chianti Classico）。

典型的低酸葡萄酒有：索普罗干红（Soplo）。

单宁

单宁主要来自酿酒葡萄的葡萄皮。另外，橡木桶也是会给葡萄酒带来单宁的。在橡木桶中长时间陈放的白葡萄酒，有时候也会有一些单宁的痕迹。不过，葡萄酒在橡木桶中陈放并不会让单宁的涩感更明显，反而会让单宁更加柔和。这是因为葡萄酒会通过橡木的孔隙接触到空气中的氧气，氧化使得单宁聚合，涩感就降低了。同样的道理：在葡萄酒陈年的过程中，单宁会慢慢聚合起来，使得口感渐渐变得柔和。

有人说单宁可以抗氧化，"延年益寿"，作为"大酒鬼"的我当然愿意相信——先抛开对人是否有效不谈，单宁绝对是可以帮酒"延年益寿"的。既丰富又有质量的单宁，会大大增加酒的陈年潜力。在口感上，单宁会给酒带来"强劲"的感觉，因为单宁会产生干燥、紧缩之感，在口腔表面产生"抓力"。

任何红酒都会有些许涩感。涩感少的，我们就说它单宁弱。涩感多的，就说它单宁强。弱单宁的酒只会在舌头和上颚留下些许麻麻的感受，不会特别抓嘴，这便是我们经常说的"顺口"。强单宁的酒喝下去以后会"抓你一嘴",整个口腔,从舌头到上颚再到口腔两侧的水分感觉全被吸走了,并且持续带来紧缩感。中等单宁介于这两者之间。

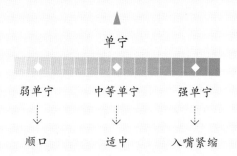

当然,单宁和酸度一样,不只有"量"的区别,还有"质"的区别,低品质单宁又干又苦还很粗糙,高品质单宁虽然涩,却紧致绵密。为了便于理解粗糙和细致的区别,我这里用棉布来作比:棉纱的支数越高就表示纱越细,棉布的质地就越细腻,价格就越贵,差的单宁就像低支棉,好的单宁就像高支棉。

感受单宁有一个难点,就是如果一下子喝好几款不同的酒,它们的单宁会干扰你的判断。比如喝了一款高单宁的酒,再去喝低单宁的酒,就很难分辨后面一款的单宁强弱。

延伸阅读：描述单宁时可以使用的词汇

形容单宁细腻的词有：颗粒细腻的（fine-grained）、顺滑的（smooth）、柔顺的（supple）、细密无缝的（seamless）、丝绸一般的（silky）、天鹅绒一般的（velvety）；

"丝绸"和"天鹅绒"都是织品，至于什么时候用"丝绸"来形容，什么时候用"天鹅绒"，取决于酒体的轻重。如果酒体偏轻且单宁顺滑，就用"silky"，如果酒体偏重偏稠一些的话，就用"velvety"——请自行"脑补"这两种布料的薄厚。

形容单宁强劲的词有：紧致的（tight）、有抓力的（grippy）、有嚼劲的（chewy）、有颗粒感的（grainy）；

形容单宁不愉悦的词有：粗糙的（coarse/rough）、刺嘴的（harsh/astringent）、坚硬的（hard）；

形容单宁的成熟度的词有：生青的（green）、硬脆的（crunchy）、成熟的（ripe）、甜美的（sweet）。

典型的强单宁葡萄酒：布雷扎酒庄萨拉玛萨巴罗洛干红（Brez-za Barolo Sarmassa）。

典型的弱单宁葡萄酒：智利红鸟珍藏黑皮诺干红（Flamengo Andino Pinot Noir Reserva）。

酒体和酒精度

酒体是葡萄酒在口中的重量和厚度。越"浓"的酒，酒体越厚重，越"淡"的酒，酒体越轻薄。

糖分也会增加酒体，所以如果是甜酒或者有残留糖分的酒，酒体都是更重的。

我们一般会把酒体分成三档：轻酒体（light-bodied）、中等酒体（medium-bodied）、重酒体（full-bodied）。

那么，怎么判断酒体轻重呢？回想一下喝脱脂牛奶和全脂牛奶的区别。轻酒体的酒就像脱脂牛奶，喝起来爽口、轻盈，咽下去后回味时间比较短，没有负担。重酒体的酒就像全脂牛奶，喝起来圆润、浓郁，咽下去后回味时间比较长，甚至会有一点停滞在喉咙深处的"腻"感。中等酒体介于这两者之间。

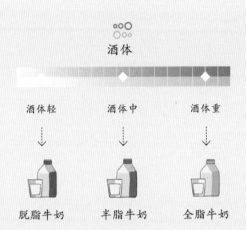

酒体

酒体轻   酒体中   酒体重

脱脂牛奶   半脂牛奶   全脂牛奶

在感受酒体的时候，尤其要注意口腔的后半段即口腔深处的感受，因为那里是最能感受"重量"的部位，不要被一开始酒入口时的冲击感所带偏。而且不单是酒的重量感，重酒体的酒在舌根处的延展性——或者说在嘴里"铺开的面积"也是更广的。如果用海浪打比方的话，就是不光要关注海浪冲上岸的时候，更要关注海浪的大小和停留在岸上的时间。

延伸阅读：描述酒体时可以使用的词汇

形容酒体轻的词汇有：空洞的（hollow/watery，贬义）、轻薄的（thin，贬义）、清瘦的（lean）、优雅的（elegant）；

形容酒体厚重的词汇有：有重量感的（weighty）、饱满浓郁的（rich/concentrated）、有酒劲儿的（vinous）、稠密的（dense）、黏稠的（viscous/lush/succulent）、丰满的（voluptuous）、肥厚的（fat）、多肉的（meaty）、油滑的（unctuous）、充盈口腔的（mouth-feeling）、覆盖整个舌头的（coating/saturating）、享乐主义的（hedonistic）；

形容酒精感强的词汇有：上头的（heady/hot）、有酒精感的（alcoholic，贬义）、有灼烧感的（burning，贬义）。

甜度

甜度一般来自葡萄酒里未发酵成酒精的残留糖分，在这里我先简单普及一下甜度的几个档位。

残留糖分的克重与甜度的关系，在不同的产区规定都是不一样的，所以我们只给出最常见的标准——分成以下几种不同程度的甜：干/不甜（dry）、半干/微甜（off-dry/semi-dry）、半甜（semi-sweet）、甜（sweet）。

每升酒中残糖少于4克的酒，就叫作干型酒。干型酒是一个很容易产生歧义的概念，我在本课末尾的《醉鹅娘小贴士》中会详细阐述。

含糖量每升4～12克的酒属于微甜酒，喝时会感到微微的甜，只要酸度足够就不会腻，如果硬要作比——相当于马蹄水的甜度吧。

含糖量每升 12～45 克的酒,甜味已经比较明显,但只要酸度足够也不会太腻。

含糖量超过每升 45 克的酒,一般称得上"很甜的酒",在我的经验里,是那种喝一两杯就感觉太腻了喝不下去的那种……除非酸度恰如其分,或者你是超级"甜渣党"才能接受。

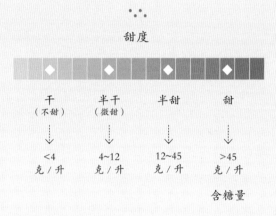

甜度

干	半干	半甜	甜
(不甜)	(微甜)		
↓	↓	↓	↓
<4	4~12	12~45	>45
克/升	克/升	克/升	克/升

含糖量

苦味

苦其实是一种在葡萄酒里很常见的味道,但往往是不太明显的,一般是喝下去之后感到舌根处隐隐发苦。其实在品酒的时候,苦是一种争议很大的味道,因为很多时候不同的人对葡萄酒中苦味的耐受度差别很大,经常是有些人完全没有感觉到苦,有些人已经被苦得皱起眉头了。

如果一款酒让所有人都感到明显的苦，那这款酒就有缺陷了。为什么一款酒会过苦？葡萄果实的成熟度不够的话，酿出的酒会带来苦苦的生青味，如果这时再过度萃取这种本来条件就不够好的果实，就会更苦。另外一种可能性是，酒液与橡木桶接触时，橡木中的苦味物质被浸出，尤其是那些烘烤工艺不理想的木桶。

不过，很多人不知道的是，适量的苦其实是可以增加酒的复杂度的，有时候"苦"不一定是坏事。

有一些葡萄品种天生就微苦，尤其是一些芳香型品种，比如琼瑶浆、麝香葡萄。而且苦味不光体现在口感上，香气上也有会带来苦味的萜烯（terpenes），萜烯一般在芳香品种的酒中含量更高。

带有"矿石气息"或"矿物感"的酒，往往会有丝丝怡人的清苦，但绝不是那种药的苦味。

酒在陈年后也会出现苦味，让人联想到咖啡、茶叶、巧克力。如果一瓶酒还很年轻就已经开始发苦，你就要小心了，它绝不会随着陈年而消解掉苦味，反而苦味会随着陈年而增强。

最后，从风格上来讲，苦味在旧世界葡萄酒中更常见——新世界往往更愿意表现葡萄酒的甜美。旧世界传统工艺酿造的葡萄酒，经常会有一丝丝"高级"的苦味。

3.3
回味和口感结构

只是去感受葡萄酒具体的味觉元素还不够，关键还要把各种元素结合起来，即关照整体的体验：一是回味的质量，二是口感结构的风格。

"回味"，是绝对意义上的评判葡萄酒质量的"金线"。而且比起更抽象的"复杂度"这样的概念，"回味"容易感知，对于新手来说很好上手。回味除了需要悠长，还需要让人感觉愉悦。

让我们对"回味"的定义做一些细化：高质量的回味不能有过于明显的酒精感或者苦味。有时高质量的回味是由强烈的单宁或酸度支撑的，所以不要因为一款酒留在嘴里的涩感很强而去否定它，不过有涩感的同时必须要有风味做支撑，说白了就是"有味儿"。

虽然说回味的长短很好感知，但确实也难有精确的标准——你很难去和另一个人取得"什么时候算是回味彻底结束"的共识。是味道大体上消失的那一刻，还是味道一丁点儿都没有了的那一刻才叫回味结束？回味长短这件事，最重要的是建立自己的衡量标准，这非常重要。只要你自己有一个回味结束标准，并且每一次喝酒都保持一致，就会对回味长短这件事慢慢产生判断力。

我有两个感受回味的要诀：一是在比较两种酒的回味长短的时候，要保证喝的"量"是一样的。不能一种酒只啜一小口，另一种酒喝一大口，那样的话肯定是喝一大口的酒会在回味长短的较量上占优势；二是在感受回味的时候，可以闭上眼睛在脑子里数数，闭上眼睛的时候注意力会更好地集中在口感体验上，而数数可以更好地量化回味的时长。

再分享一个我个人的衡量尺度：回味时间 5 秒以下是回味短，5～10 秒是回味中，10～15 秒是回味长，15 秒以上就是回味悠长。

在学会了如何对回味长短进行判断之后，可以更上一层楼，就是学会判断回味里最突出的风味是什么，比如"有着柠檬酱般的回味"。

对葡萄酒的每一个元素都有了理解之后，我们就需要在整体上对这支酒的风格有所把握。

这就好比我们在看一个人的长相的时候，不能把所有元素拆开分析，评判完眼睛、嘴巴、鼻子的形状后，却不在整体上去判断这个人长相的风格，也不提这个人的高矮胖瘦。而且有时候，判断一个人的整体风格，比告诉别人他的五官形状更重要，不是吗？我们现在对很多品酒词之所以看不明白，原因往往是那些描述酒的人只关注细节，而不去概括一款酒大体的风格，这种只关照细节不做概括的品酒习惯不利于在学酒之路上更快地精进。

人有高矮胖瘦，相对地，葡萄酒也有"高矮胖瘦"。葡萄酒和人一样，都有基本的"体格"，有些酒"骨架大"，有些酒"骨架小"，有些酒"肉多"，有些酒"肉少"。

什么是葡萄酒的骨架，什么是肉呢？

在之前的内容中，我提到，一个完整的葡萄酒的口感结构包括单宁、酸度、酒体和酒精度。其中单宁和酸度给酒带来力量感，是葡萄酒的"骨架"。而给酒带来厚重感的酒体就是酒的"肉"。

那酒精度呢？从之前的讲述中，我们得知葡萄的成熟度分成两部分，一是糖分成熟度，二是生理成熟度。糖分会影响酒精度，而生理成熟度会转化成干浸出物（无糖浸出物）和风味的浓度，酒精度和风味浓度加在一起，会决定一支酒在嘴里的"重量感"和"饱满感"，也就是酒体。

酒体是葡萄酒的"肉"，酸度和单宁是葡萄酒的"骨"。这样一来，你就理解了酒圈里常见的把一款酒形容为"胖"或者"瘦"的习惯——多肉（重酒体）、少骨（酸涩度低）的，就是"胖子"。少肉（轻酒体）、多骨（酸涩度高）的，就是"瘦子"。

　　下面我将几种不同的"骨肉搭配"做了视觉化处理，葡萄酒的"胖瘦"一目了然，从图中你可以看到葡萄酒分为5种"体格"：

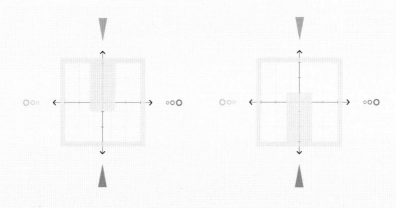

酸爽型 / 高雅型（crisp/elegant）　　　　单宁型（tannic）
多骨少肉（酸最突出）　　　　　　　　多骨少肉（单宁最突出）

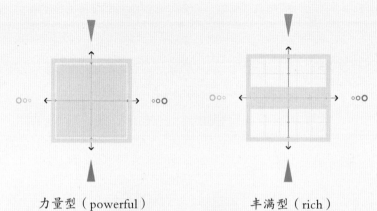

力量型（powerful）

多骨多肉（既重酒体又有酸涩度）

丰满型（rich）

少骨多肉（酒体的浓郁感最突出）

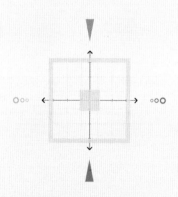

柔和型（soft）

少骨少肉（不酸不涩不浓郁）

延伸阅读：描述葡萄酒口感结构 /
体格时可以使用的词汇

在实际品酒中，很多词汇其实是会暗示一支葡萄酒的体格的。比如一款被称为"优雅"的酒，就不可能是体格非常大的酒，而更可能是一款"少骨少肉"的酒。所以我在基础词汇上做了延展，如果你希望你能使用的品酒词多些变化，也可以当作参考。看完这一词汇清单，你会理解，品酒词里那些看似抽象的描绘，其实都是基于一些最基本的对葡萄酒的"体格"的判断。

多骨少肉：结实的（firm）、紧致的（tight）、线条感的（linear）、不近人情的（austere）；

多骨多肉：强烈的（intense）、健壮的（robust）、粗壮的（sturdy）、活跃的（exuberant）、宏大的（grandiose/hefty）、发电厂一般的（powerhouse）；

少骨多肉：参考 3.2 中形容酒体厚重的词汇；

少骨少肉：柔顺的（supple）、温柔的（gentle）、精致细腻的（delicate）、优雅的（elegant）。

虽然这些词汇在概念上区分得很清晰，但在实际的品鉴过程中，你会发现它们并不是界限分明的。一支你认为是"柔和型"的酒，可能对于另一个人来说是"丰满型"，这些概念往往是相对的。一支酒可能在白葡萄酒分类里是属于力量型的，但在它的产区里算是偏柔和的。但即便是这样，如果大多数品酒者都觉得一支酒是丰满型，只有你自己觉得是清淡型或酸爽型，那有可能你需要多了解一下大家的标准是什么样的。

醉鹅娘小贴士：关于"干型"的注意事项

"干型"不等于没有残留糖分

我们对干型酒的定义是"每升酒中残留糖分少于 4 克的葡萄酒"，最常见的范围是每升残糖量为 0.5～2 克。事实上，几乎没有完全没有糖分残留的葡萄酒，因为酵母不可能100% 消耗掉葡萄里所有糖分。可能你会想，那为什么很多干红喝起来很酸涩，根本感受不到残糖？那是因为初学者往往在每升酒中超过 10 克残糖时才能尝得出来。基本上那些葡萄品种高酸而且产区寒冷的生产地，都会给酒留有一定程度的残糖——最有名的就是香槟。有些人可能已经觉得香槟非常高酸不近人情了，但无年份款的香槟基本都是留了较多残糖的，很多都超过每升 10 克。

针对这一点，德国雷司令（酒的甜度差异最大的一个品种）的很多生产商在标注甜度的时候，所使用的"IRF 标尺"并不是按照残糖克数的绝对值作为标准，而是以糖酸比作为标准。也就是说，同样都是每升有 10 克残糖的酒，如果总酸能达到每升 10 克以上，那么相当于酸度大于甜度，糖酸比数值小于 1，那就是干型的；如果总酸是 6 克，那就是半干型的。

顺便说一下，有时"糖酸比低"（也就是高甜的同时还能高酸）是评判甜酒质量的最重要的因素——说一款酒的甜度是每升含 100 克糖，但因为酸度高，尝起来像是每升只有 50 克糖，这是一种很高的赞美。

"干型"不等于不甜美

很多干型酒给人的感觉是非常甜美的，但让酒甜美的原因并不是残糖，而是其他几个因素：酒精度、果味、橡木桶。

一方面，高酒精度和甘油含量会使人感觉"微甘"，另一方面，果味浓郁成熟的酒让人感觉甜美，因为甜味和水果在我们的大脑中是联系在一起的。

新橡木桶也会带来甜的感受，有两个原因，第一是橡木本身会给酒带来偏甜美型的香料味，比如香草、椰子粉。第二是因为酒在橡木桶中发酵和陈年的时候会释放一种叫作"槲皮苷"的东西，虽然不是糖，但有明显的甜味，相当于葡萄酒界的"木糖醇"!

"干型酒"不等于"很干的酒"（dry wine ≠ dry）。

如果一支干型酒不甜美的话，应该怎么说呢？怎么形容干型酒里面最"干"的酒呢？

很多葡萄酒"小白"会把这种不甜美形容为"*dry*"。但现在上道的你知道了，官方盖戳的"干型酒"（*dry wine*）和小白嘴里说的"干"（*dry*）是两个意思。正因为围绕"干"这个概念有这么多歧义，所以我建议你形容一支酒时，不要说这是"很干的酒"——除了一种可能，那就是那种酸度很高、酒体比较轻的清冽风格的白葡萄酒，你可以说这支酒"极干"（*bone dry*），可以形象理解为"干巴巴的，只剩下骨架了"。

往往单宁和酸度会压制果味和残糖带来的甜美，或者风味上的咸香会压制果味的甜美。所以你可以把这类偏"干"的干型酒形容为"咸鲜的""不是以果味主导的类型"。

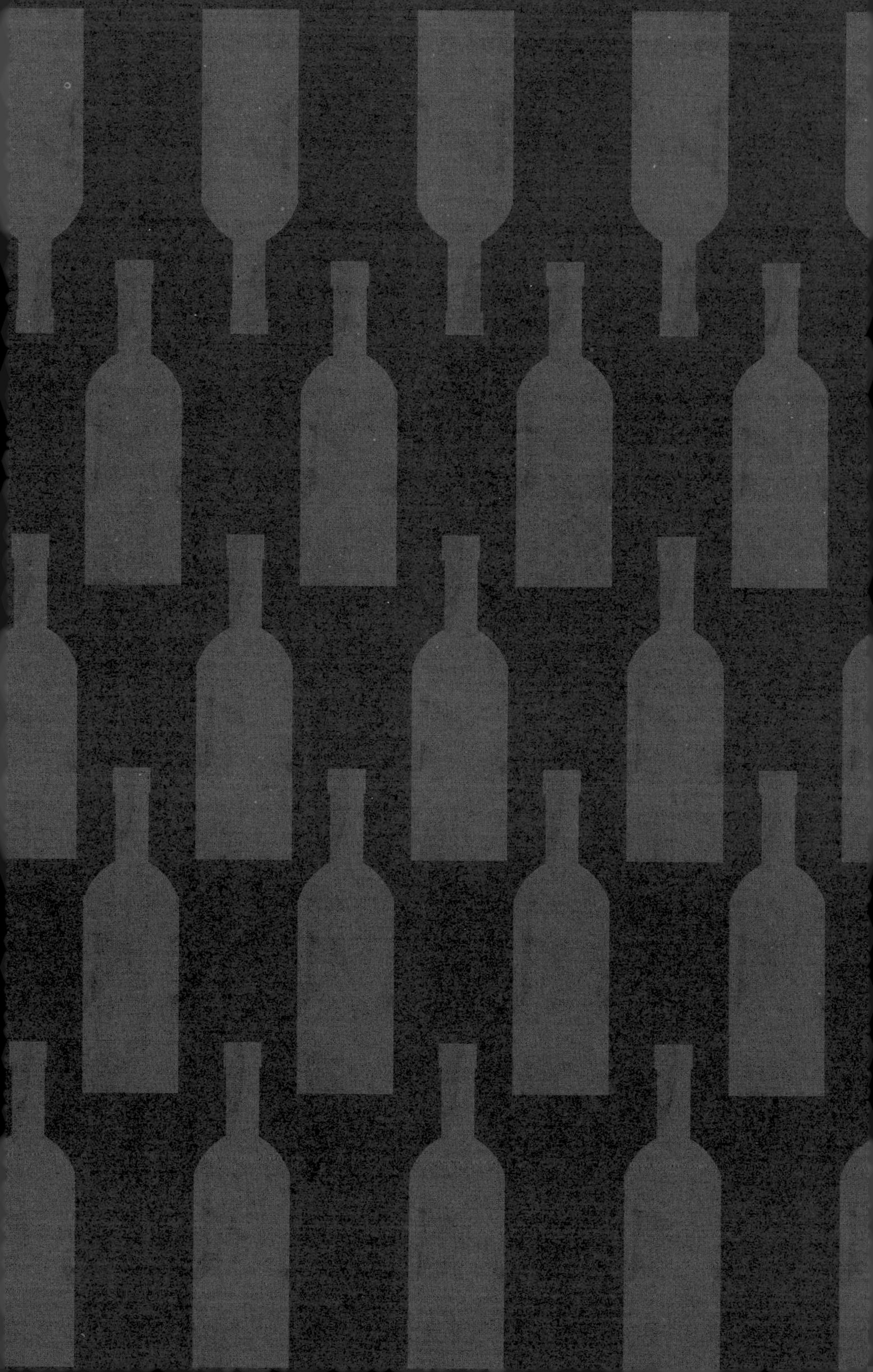

第 **4** 课

**底层逻辑：了解品种
和产区前，掌握三大规律**

葡萄是一种温带作物，气候过热或过冷的生长环境都不行，所以我们会发现，有名的葡萄酒产区既没有接近赤道的，也没有接近寒带的，一般都是在纬度 30~50 度之间的地区，这一区域在地图上呈现出带状，我们将其叫作"葡萄酒带"（Wine Belt）。别看葡萄种植地大部分位于温带，在温带地区也有相对冷和相对热的地方，也就是所谓的"冷凉产区"和"温暖产区"。

有意思的是，适合种咖啡的"咖啡带"（Coffee Belt）正好在葡萄酒带"内侧"，在北纬 23.5 度到南纬 23.5 度之间。而以谷物作为酿造原材料的伏特加、啤酒、威士忌多数情况下在葡萄酒带的"外侧"，也就是纬度更高的地方。不光是葡萄酒，不同饮品都是有自己的气候印记的。

气候冷热、过桶和陈年、酿酒文化形成了葡萄酒风格的三大规律。我在本书的开篇中已经简略讲述过，在本课中就为大家详细阐述。

4.1
规律一：气候冷热影响葡萄酒风格

冷气候风格清爽，热气候风格浓郁甜美

葡萄在成熟过程中酸度会降低，糖分会变高。

在冷的地方，葡萄不会长得太熟，酸度更高，糖分更少。所以糖分通过酿酒转化成酒精后，酒精度也低，酒体往往较为轻盈。

而在热的地方，葡萄可以长得很熟，酸度更低，糖分更多，因此也意味着酿造出来的酒有更高的酒精度。如果不是后天添加了糖或者酒精，高酒精度的葡萄酒往往会让人感到更加厚重、浓郁、有劲儿。

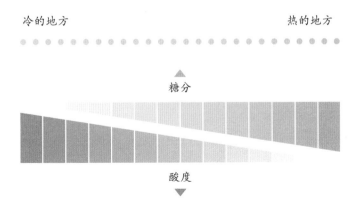

这也是为什么冷的地方更容易出高酸清爽的酒，热的地方更容易出浓郁厚重的酒。

如果我们用坐标图表示，把糖分作为横轴，酸度作为纵轴，就会发现，冷的地方葡萄酒酸度高酒精度低，更像"瘦子"，热的地方葡萄酒酸度低酒精度高，更像"胖子"。

"胖"和"瘦"这样的形容词，貌似幼稚，但确实是品酒师经常会用到的品酒词——"这酒很瘦（lean）或者很轻（light）"，形容的就是口感偏清淡、酸度高的酒；"这酒很丰满（full）或者很重（heavy）"，形容的就是口感偏浓郁的酒。

有一个很可爱的角度，可以用来解释气候冷热和"胖瘦"的关系——阳光本身就是葡萄藤的"食物"，热的地方，葡萄藤"吃"得多，酿出的酒自然就"胖"；冷的地方，葡萄藤"吃"得少，酿出的酒自然就"瘦"了。

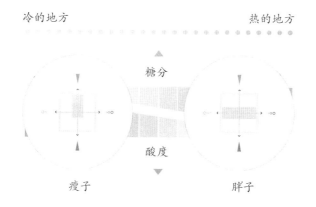

延伸阅读：与"胖""瘦"有关的高阶品酒词

"胖"系列：圆润（round）、丰腴（voluptuous）、集中（concentrated）、肉感（meaty）、丰满（full）、沉重（heavy）、大（big）、力量（power）、健壮（hefty）、结实（stout）；

"瘦"系列：清凛（crispy/linear）、清爽（fresh）、精瘦（lean）、硬（hard/angular）、严峻不近人情（austere）、轻（light）、优雅（elegant）、微妙（subtle）、柔和（soft）。

冷气候风格果味青涩，热气候风格果味甜美

除了口感的区别，气候也会极大程度上影响葡萄酒果味的呈现。我们可以笼统地说：热的地方产的葡萄酒果味浓，会有扑鼻而来的甜的感觉，冷的地方产的葡萄酒果味不浓，闻上去不那么甜，甚至还可能有生青的植物气息。

气候的冷热不光影响果味的轻重，还会影响果味的类型。冷凉地区出来的果味和炎热地区出来的果味性质是很不一样的。

对于红葡萄酒来说，冷凉地区更容易出现覆盆子和樱桃的味

儿，再热一点的地方会出现李子和浆果味儿，最热的地方会出现无花果和西梅干的味儿。简而言之，就是越热的地方果子的颜色越黑、越深，越冷的地方果子颜色越红、越淡。

对于白葡萄酒来说，冷凉地区更容易出现苹果和梨味儿，再热一点的地区容易出现桃子和甜瓜味儿，更热就会出现杧果、菠萝这些味道。概括来讲就是，热的地方容易出现热带水果的香气。

在非常成熟的葡萄酿造的酒里，是经常会出现果酱的味道的。而这种果酱味儿的酒，除非是甜酒，否则无论如何都不会来自冷凉地区。

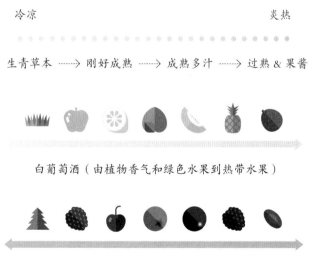

冷凉　　　　　　　　　　　　　　　　　　　炎热

生青草本 ·····> 刚好成熟 ·····> 成熟多汁 ·····> 过熟 & 果酱

白葡萄酒（由植物香气和绿色水果到热带水果）

红葡萄酒（由植物香气和红色水果到黑色水果甚至果干）

如何运用气候规律点酒和选酒

向侍酒师点酒

如果你喜欢冷气候风格，可以直接问："我喜欢冷凉风格的葡萄酒，你有什么推荐吗？"（I like cool-climate style, do you have any recommendation?）

如果你喜欢热气候风格，因为"热气候风格"这种说法不常见，所以你可以直接把热气候的口感风格形容出来："我喜欢浓郁甜美的酒，有什么推荐吗？"（I like wines that are rich and fruity, any recommendation?）

最后，找到匹配你需要的气候风格的酒，更好的方法是向侍酒师提出几个选项。通常情况是在侍酒师为你的配餐推荐了几支酒以后，你问："这几支酒里，哪支是偏冷凉风格的？"（Which one of those is more cool-climate?）

靠酒精度高低推测

如果没有人告诉你一支陌生的酒是什么气候风格的，那么酒精度就是很重要的线索。

通常来说，一支冷气候干红，酒精度 12~13.5 度，口感清淡，以酸度为主，香气相对淡雅；一支暖气候的干红，酒精度通常为

14~15.5 度，口感饱满甜美，以厚度为主导，香气相对奔放。而且通常 14 度及以上的干红，很有可能会有一些橡木桶带来的风味。

白葡萄比红葡萄更容易成熟，所以在推测白葡萄酒的风格时，对照红葡萄酒，我们需要把酒精度高低的标准下调大约 0.5~1 度。大致来说，冷气候风格的干白，酒精度在 11~12.5 度之间，口感爽脆，以酸度做主导；而暖气候风格的干白，酒精度一般在 13.5 度及以上，口感饱满甜美，以厚度为主导。

但如果你看到的一支酒的酒精度不在 11~17 度之间呢？那有可能是因为你拿到的酒并不是干红或者干白，而是起泡酒、甜酒或者加强酒。

如果一支酒的酒精度低于 11 度或者高于 17 度，就都有可能是甜酒。因为在酒精度过低的情况下，往往是因为酿酒师没有把葡萄里的所有糖分都发酵成酒精，而是留下了一部分"残糖"。而如果是酒精度过高的情况，往往是因为酿酒师在后期加入了度数极高的酒精，终止了发酵过程，所以还没发酵成酒精的糖分也就留了下来——绝大部分的加强酒都是这么做的。对于甜酒来说，我们一般不太会用"冷气候风格"或"热气候风格"来形容，因为气候不同不是导致甜酒味道不同的最大变量。不过，高酒精度的加强酒往往都来自热气候地区。

而对于干型起泡酒，我们无法通过酒精度看出气候风格，因为起泡酒受人为干预的成分非常大。比如说，不少香槟的酒精度是 12 度，远比香槟产区温暖的意大利北部也不乏 11 度的干型起泡酒。

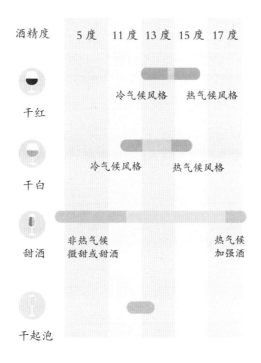

当然，酒精度不能作为推断产区气候的唯一标准。更何况你在酒标上看到的酒精度并不一定那么准确。目前欧盟允许酒标上标注的酒精度可以与实际检测值相差正负 0.5 度，而美国、澳大利亚、新西兰等国更甚，允许的差值范围在正负 1.5 度之间。虽然说在实际操作中，酒庄也不会故意把自己的酒精度标得离实际值很远，但你也要知晓可能存在的出入。

靠地理位置推测

我们都知道，越靠近赤道的地方越温暖。

通过前文的学习，我们又知道了大多数的葡萄酒产区是在纬度 30 度到 50 度之间的地区——越靠近纬度 50 度的地方越冷，越靠近 30 度的地方越暖。以此为依据，我们来看看一些最有名的葡萄酒产区。

地中海的平均纬度是北纬 35 度，是典型的热气候地区。所以，假如你点了一瓶来自地中海附近或者欧洲南部的酒，比如西班牙东部、葡萄牙、意大利南部、法国南部，你就应该知道，酒的风格大概率是偏热的。

香槟区位于法国北部，纬度是北纬 49 度，算是最冷的葡萄酒产区之一了。除了香槟地区，传统酿酒国家中，德国和奥地利也属于高纬度的冷产区。

波尔多的纬度是北纬 45 度左右，是典型的温和气候产区。

除了纬度，还有太多自然因素在影响冷热，大到风和洋流、海拔和山体，小到坡度、朝向，甚至土壤，它们都会影响葡萄成熟的具体方式和过程，甚至影响大到纬度高低都不重要了。

在系统学习之前，我先帮你总结一份全世界知名产区的气候冷热清单（下两页图），这样你点酒的时候就可以"作弊"啦！

旧世界国家（欧洲）
知名产区及对应气候

| 德国 | ⬤ | ⬤ 摩泽尔、莱茵高 |

| 奥地利 | ⬤ | ⬤ 瓦豪、克雷姆斯谷、坎普谷 |
| | | ⬤ 布尔根兰 |

法国	⬤	⬤ 香槟、夏布利、阿尔萨斯
		⬤ 勃艮第、波尔多
		⬤ 南罗纳河谷、朗格多克

意大利	⬤	⬤ 弗留利
		⬤ 瓦波利切拉、皮埃蒙特、托斯卡纳
		⬤ 西西里

| 葡萄牙 | ⬤ | ⬤ 绿酒 |
| | | ⬤ 杜罗河谷、马德拉 |

| 西班牙 | ⬤ | ⬤ 下海湾 |
| | | ⬤ 里奥哈、杜埃罗河岸 |

⬤ 凉爽　　⬤ 温和　　⬤ 温暖或炎热

新世界国家（北美洲、南美洲、大洋洲、非洲）
知名产区及对应气候

加拿大	尼亚加拉半岛
	奥克纳根谷
新西兰	马尔堡
	霍克斯湾、中奥塔哥
美国	五指湖
	俄勒冈、华盛顿
	加利福尼亚
澳大利亚	塔斯马尼亚、雅拉谷
	库纳瓦拉
	巴罗萨谷、麦克拉伦谷、猎人谷
智利	卡萨布兰卡谷
	迈坡谷
阿根廷	门多萨
南非	斯泰伦布什

凉爽　温和　温暖或炎热

延伸阅读：气候还会以什么方式影响葡萄酒的风格？

我们讲了气候冷热会影响葡萄的成熟度，因此总的来说冷的地方出产的酒比较清爽，果味比较不明显；热的地方酒比较浓郁，"有劲儿"，果味很足。那么气候还会以什么方式影响葡萄酒的风格？

首先，气候的冷热会影响酿酒师做什么类型的葡萄酒：冷的地方生产的白葡萄酒和起泡酒更多，热的地方生产的红葡萄酒和加强酒更多。第一，白葡萄酒比红葡萄酒更常出现在冷产区，因为深皮葡萄比浅皮葡萄更难成熟，再加上白葡萄酒不带皮酿，相对来说不需要太多考虑皮里面酚类物质的成熟；第二，起泡酒经常出现在冷产区，因为起泡酒一般追求的是清爽的酸度，而不是极高的成熟度，最有名的起泡酒产区"香槟"就是冷凉的葡萄酒产区；第三，加强酒经常出现在热产区。加强酒，就是加过酒精的葡萄酒，所以度数会比一般葡萄酒更高（15~20度，甚至更高）。最早这么做是因为酒精是天然防腐剂，所以加过酒精的葡萄酒更"耐折腾"，更不容易在运输过程中放坏，还能延长葡萄酒的寿命。加强酒往往更容易出现在最热的葡萄酒产区，比如说法国南部和西班牙南部。最有名的一些加强酒，包括波特、马德拉和雪莉，都是热产区酿造的。

其次，气候的冷热会影响酒农种植的葡萄品种：冷的地方，酒农会种植更容易成熟的葡萄品种，热的地方，酒农会种植更不容易熟的品种。气候这一点真的是怎么强调都不为过。我把气候和成熟度称之为葡萄酒世界的"第一性原理"，做什么类型的酒、种什么品种的葡萄、葡萄能达到什么样的成熟度……基本上关于葡萄酒的所有事情都和气候有关。哪怕是葡萄酒大师，在学习新的产区和新的酒庄时，第一个要问清楚的还是气候是冷是热。而作为初学者，可能不一定能马上喝出品种的区别，但典型冷气候的酒和典型热气候的酒放在一起让你盲品，大概率能区分出来！

4.2
规律二：过桶和陈年影响葡萄酒风格

过桶是二级香气，陈年是三级香气

你可能不一定能尝出不同品种的葡萄酒之间的区别，但经过一定的指引后，你一定尝得出年轻和陈年的葡萄酒之间的区别，以及没有橡木桶影响和极受橡木桶影响的葡萄酒之间的区别。

第 3 课提到过，葡萄酒有"三级香气"，讲的是葡萄酒风味的三个来源——

一级香气（primary aroma）是来自葡萄果实本身的味道，二级香气（secondary aroma）来自酿造的过程，三级香气（tertiary aroma）来自陈年的过程。

过桶和陈年，一个是葡萄酒的"二级香气"，一个是"三级香气"。

我把三级香气视觉化，形成了一个金字塔 —— 一级香气是被包裹着的小金字塔，二级香气和三级香气是金字塔外面的两层"壳"。

三级：陈年香气

二级：酿造香气

一级：果实香气

香气屋顶图

　　为什么这样设计？因为外面那两层壳有还是没有，不是最重要的，最重要的是被包裹着的"小金字塔"的基底是否足够扎实。葡萄果实是葡萄酒的本体，如果果实本身的味道不够纯正和丰富，再好的酿酒技术也没有办法改善它的质量，更不用提什么陈年潜力了。

二级香气：橡木桶给酒带来什么

　　和来自葡萄本身的"一级香气"相对，"二级香气"是来自酿酒车间的，也就是说，是酿造手法带给葡萄酒的风味。二级香气的来源有很多，但被讨论得最多的，就是在橡木桶里熟化带来的香气。

木桶让酒微氧化

　　因为木桶不是完全密闭的，里面的葡萄酒会通过橡木的缝隙"呼吸"，从而发生缓慢的氧化反应，也就是葡萄酒语言中的"熟化"。

在这个熟化的过程中，木桶可以帮助葡萄酒澄清、稳定酒的颜色，更重要的是，可以软化葡萄酒自身的单宁，使其变得更柔顺。所以在橡木桶里的熟化过程，会让酒的口感更柔和，这也是酿酒师喜欢用桶的原因之一！

木桶给酒带来"桶味"

橡木桶会给葡萄酒带来香草、肉桂、丁香、豆蔻、雪松等香料类香气，以及烟草、烟熏、黑巧克力等烘烤类香气；给白葡萄酒带来的香气还有黄油、甜玉米、白巧克力等。

木桶会给酒带来甜美的感觉，一是因为上述的这些味道都比较"甜"，二是因为酒在橡木桶里发酵、陈年的时候会释放一种叫作"槲皮苷"的东西，虽然不是糖，但有明显的甜味。

在这里正好回答一个关于木桶的我被问得最多的问题——是不是越贵的酒用桶越多呢？大部分情况下，的确是这样的！

越贵的酒就用桶越多，和女生化妆之后更好看是一个道理。当然，有些女生更适合化妆，有些更适合素颜，有些适合浓妆，有些适合淡妆。但无论实际情况有多复杂，从普遍规律上来说，女生上了妆就是会好看一些。

世界上绝大部分最贵的酒，都是与橡木桶长时间接触过的。而且，无论声称自己用桶多么谨慎的庄主，都会把全新橡木桶先留给他们最好的酒款——除非完完全全不适合用新木桶的品种。因为首先，只有质量足够好，浓郁度够高的酒款才能平衡橡木桶的味道；其次，木桶本身超级贵，一个法国新桶至少 600 欧元，最贵的 2000 多欧元。如果你是酿酒师，会舍得给品质差的便宜酒用这么贵的桶吗？

三级香气：陈年给酒带来什么

三级香气是葡萄酒陈年过程中发展出来的香气。和威士忌、白兰地等烈酒不同，葡萄酒在装瓶后还可以继续发展变化，这是葡萄酒生命力的体现。年轻的葡萄酒可能含有更多甜美果香，但如果一瓶葡萄酒想在复杂程度上达到巅峰，一般都是要具有陈年的香气的。

陈年后的酒，颜色会变棕，单宁变得顺滑，回味会变得更长更平衡。同时会变得不那么"甜"了，因为果味在逐渐褪去，取而代之的，是更多的咸鲜。

陈年的"棕色"不光体现在酒的颜色上，也体现在酒的风味上。巧克力、氧化苹果、坚果、蘑菇、松露、皮革、雪茄盒、动物皮毛、泥土、树皮、咖啡……

所以，当我在闻酒的时候，第一步不一定是去找具体的香气，而是去感受"这团香气"在我脑中呈现的颜色是什么样的。如果一支葡萄酒给我感觉是偏紫的，那么往往它是更年轻的酒，如果给我的感觉是发棕的，那么这支酒往往就是陈年型的酒。这不属于正统的品酒方法，但我觉得是很有意思的探索。

我们首先要明白一件事——陈年过程就是葡萄酒慢慢"变老"的过程。葡萄酒作为葡萄酿的酒，原材料是葡萄这种水果。所以，果味是葡萄酒的"本色"，也可以把它称为葡萄酒的元气，会随着酒年龄的增长逐渐消退掉。只要失去果味，酒就算是寿终正寝了。在葡萄酒陈年的过程中，必须要面对的就是和氧气旷日持久的对抗。酿酒师需要做各种可能的工作去让酒氧化得慢一点，就像虽然我们都会变老，但至少可以让自己"老"得慢一点。

但也不必过于悲观，陈年的酒自然有它好的一面，因为纯正果味消退的同时，换来的是风味的复杂度和葡萄酒在口中顺滑延绵的完整感，这就是生命中最公平的交易。人也一样，虽然变老不可逆，但至少我们可以让自己在变老的同时收获智慧。

然而，不是所有的酒在陈年过程中都能用果味换复杂度的，有些只是单纯果味"减损"，却没有发展出与之相匹配的复杂度。

这也是为什么不是所有的葡萄酒都能陈年。事实上，现在市面上95%以上的葡萄酒都是应该在两三年内喝掉的，99%以上的酒都是应该在5年之内喝掉的。如果是几十元的平价酒，更是如此。所以，不要迷信陈年的价值，有些酒，喝的就是果味那股子的新鲜劲儿。

如何运用过桶和陈年的知识点酒和选酒

向侍酒师点酒

"可以推荐我一支重桶风格的酒吗？"（Could you recommend an oaky wine?）

"我不喜欢用桶过重的，可以给我比较清新的酒吗？"（I don't like wine that's over-oaked, could you recommend me refreshing wine？）

"我想要刚开始有陈年痕迹的酒。"（I want a wine with some bottle ageing. /I want a wine that starts developing tertiary notes.）

"想要充满年轻活力和明亮果味的酒。"（I want a youthful wine with bright fruity flavors. / I want a fresh and fruity wine.）

"我想送朋友一支至少能放 20 年的酒。"（I want to give my friend a wine that's worthy of cellaring for at least 20 years.）

"这支酒在适饮期吗？"（Is this wine in its drinking window?）

在这里正好介绍一个在酒圈十分常见的概念——适饮期（drinking window）。适饮期指一支酒表现力最好的窗口期，也可以把它理解为一支酒真正"成熟"的窗口期。有一些顶级酒的新年份香气十分封闭，口感紧涩。随着瓶中陈年，整体的香气会慢慢打开，口感会更加开放且柔顺。但具体什么时候会"打开"，什么时候算是成熟了，不同的酒是不一样的。哪怕是同样有 20 年陈年潜力的酒，适饮期都不太一样——有些刚被酿出来两年就进入适饮期，有些放个 10 年才算是进入了适饮期。

通过价格和陈年时长综合判断

如果你在网上买酒，往往酒的产品详情或者背标上会出现年份和过桶信息。

但是"陈年味"和"陈年时间长短"也可能是两码事。如果你买的是好酒，哪怕距现在已经 10 年了，喝上去仍然可以十分新鲜，而质量较差的酒可能只陈放 3 年就已经没有果味了。我在这里提供一个判断三级香气状态的思路，那就是结合价格高低和年份新老两个因素一起来判断。当然，前提是价格是酒商的良心定价。公式大致如下：

很贵 + 新年份 = 过桶 + 可能处于封闭期

举个例子，一个 3 年以内的售价 500 元以上的波尔多列级庄，多数在新橡木桶中过桶 18 个月以上，而且风味是完全没有开放的。

很贵 + 老年份 = 正在适饮期

这个公式的变量还是很大的，非常看产区和酒庄，而且非常看存储条件，不好做一概而论的判断。但基本可以说，如果一支超过1000 元的酒放不了 10 年的话，那基本不太靠谱。

便宜 + 新年份 = 新鲜果味为主导

如果是百元价位，并且适饮期是两年以内，那十有八九就是以新鲜果味为主导的。当然也有可能有桶味，只不过极有可能过的是木桶片而不是真正的橡木桶。

便宜 + 老年份 = 过了适饮期的可能性极大

这里有个购买小贴士：如果产品详情里写的是"年份随机发放"，是一个危险的信号，因为这很有可能代表酒是过了适饮期的。所以购买前一定要咨询好到底是什么年份。

4.3

规律三：酿酒文化影响葡萄酒风格

什么是新世界和旧世界

在 4.2 中，我们讲了过桶和陈年这两个"手法"是怎么影响葡萄酒的味道的，但除了了解手法，我们还需要学习手法背后的酿酒理念。这就好像我们不光需要知道做菜可以放油放盐，可煎炒也可蒸煮，还得知道这些烹饪手法背后的烹饪理念——面对同样的食材，川菜的烹饪手法和粤菜的烹饪手法是截然不同的，沿海地区会吃更多海鲜，而四川盆地气候潮湿，人们就更爱吃辣。

在葡萄酒的世界里，也有类似"菜系"的分隔，那就是"新世界风格"（New-world style）和"旧世界风格"（Old-world style）。有时我们也会用"新派"（New-school）和"旧派"（Old-school）来表达。可以说，新世界和旧世界是理解葡萄酒风格区别最有用的概念之一，因为它代表的是葡萄酒的全局观，是客观条件和历史文化等多种因素共同作用的结果。

新世界和旧世界可以是狭义上的产区概念。旧世界就是欧洲传统酿酒地区，只要是来自欧洲的葡萄酒，都是来自旧世界产区。新世界就是欧洲以外的较晚发展起来的酿酒地区，只要是欧洲以外的葡萄酒，都是来自新世界产区。

旧世界国家有：法国、意大利、西班牙、德国、葡萄牙、奥地利等；新世界国家有：美国、澳大利亚、智利、南非、阿根廷、新西兰、加拿大、中国等。

不过，"新世界"和"旧世界"在葡萄酒的语境里不一定只代表地理概念，它还有可能指代口味风格或者酿酒理念。比如我们会说，这酒的口味很"新世界"，或者说，这酒酿得非常"旧派"。因为现在新世界和旧世界的界限越来越模糊，在新世界产区用旧世界方法酿酒的酒庄铺天盖地。"风格融合的交叉口"不光在政治、经济、人文和美食上体现，也在葡萄酒上体现。

新旧世界在口味上的不同

如果我们把"三级香气"放在新旧世界的框架下去理解，那么新世界风格代表了更奔放的果味、更重的桶、更追求早饮性；而旧世界风格就代表了更隐晦的果味、更克制的桶、更追求陈年潜力。

新世界风格更加浓郁、奔放、甜美，"开瓶即饮"；旧世界风格更加骨感、含蓄、有咸香，更强调陈年后展现的开放和复杂度。这也是为什么旧世界风格更常碰到需要醒酒的，而新世界风格往往不用醒酒。

新旧世界在客观生长条件上的不同

让我们看一组知名的新世界产区和一组知名的旧世界产区,你会发现什么——知名新世界产区:澳大利亚巴罗萨、美国加利福尼亚州、智利中央山谷;知名旧世界产区:法国勃艮第、法国香槟、德国摩泽尔。

我们会发现,以智利、澳大利亚为代表的新世界国家普遍来说气候偏热,以法国、德国为代表的旧世界国家恰巧气候偏冷。而气候炎热的地方葡萄甜熟,气候冷凉的地方葡萄不熟偏酸,所以自然新世界的酒是奔放风格的,旧世界的酒是偏优雅风格的。

除了气候的差别,我们还会发现,旧世界的很多经典产区位于贫瘠的山坡上面,而新世界有更多产区位于相对肥沃的平原。这是为什么呢?在精品葡萄酒开始高速发展的时候,代表旧世界的欧洲文明中心已经从更热的罗马和希腊北移到了更冷的地方。在人多地少吃不饱的旧世界,怎么能把肥沃的土地留给不直接解决温饱问题的葡萄酒呢?所以,肥沃的土地都被用来种粮食了,而留给葡萄藤的,都是那些其他农作物没法生长的过于贫瘠或者过于陡峭的坡地。这样贫瘠的土壤不利于提高产量,但恰恰给葡萄种植提供了更高的质量潜力。

而地广人稀的新世界恰恰相反,最不缺的就是土地,不存在葡萄藤和农作物竞争的问题。再说,当旧世界的殖民者来到新世界,他们肯定也不会和自己过不去，肯定是把葡萄种在最好种、最容易成熟的地方。所以你会看到，殖民者先选中的种植地都是阳光充足的温暖产区，选中的品种也是在高产量基础下还能做得不错的。所以现在的新世界十分擅长用更低成本生产物美价廉的平价酒。

不过，有些新世界也开始"跟风"坡地和冷凉产区了，所以未来你会看到越来越多像旧世界生长条件的新世界产区。到那个时候，新旧世界的界限会进一步模糊。

新旧世界在历史人文上的不同

之所以新世界浓郁奔放，旧世界含蓄优雅，除了客观生长条件的不同，还和生产者出于什么理念来做酒有关。所以，哪怕新世界风格和旧世界风格的生产者拿到了同一块土地，他们做酒的水平同样高，最终酒的味道仍然会非常不一样。

有些人说，旧世界酿酒历史长，对土地了解深，因此他们在做酒时格外注重表达某块土地本身能给酒带来的特色，酒圈的人也把这样的酿酒哲学称为"风土驱动"（terroir-driven）；新世界就没那么讲究所谓的风土特色，而是更多按照自己的喜好去酿酒。

在这里就必须要简单介绍一下风土是什么。风土 (terroir) 可以算得上酒圈最神圣的理念了，任何价格高昂的葡萄酒，庄主都会和你唠叨两句他们是如何讲究风土的。如果你从物产角度理解了"橘生淮南则为橘，生于淮北则为枳"的道理，延伸至葡萄酒领域也就简单很多。每一片葡萄种植区都应该有它独特的气候、土壤、坡度、海拔、朝向等自然因素，所以可以产出独特风味的葡萄酒，那么这一片种植区的范围就叫风土。说得再直白点儿——风土就是"地方特色"。只不过这里的"地方"比一般中文语境下的"地方"范围更窄，往往只是很小的一片区域，甚至可以小到一片园子。

旧世界比新世界更讲究风土吗？其实，如果没有新世界，旧世界对于"风土"的认知还处于懵懂时代，做酒也纯粹是靠天赋和惯性维持，是粗放式生产。我们反而可以说，恰恰是新世界的技术和觉察才让人深入了解了风土，而且精进了风土的表达。所以，旧世界和新世界之间的区别不在于是否重视风土。

关于新旧世界在酿酒哲学上的不同，我自己的理解是：新世界注重理性控制，旧世界注重自然原生；新世界以口味为标准，旧世界以文化为标准。在本课末的小贴士中，我会用比较大的篇幅介绍这两组貌似抽象的概念，让你真正了解葡萄酒世界中的乾坤。

如何使用新旧世界的语言点酒

向侍酒师点酒

现在的你，已经知道了气候、过桶和陈年、新世界和旧世界这三个影响葡萄酒风格的要素了，所以可以越来越精准地描述出你想要的风格。

"给我一支新世界的酒吧！我想要果味特别奔放，桶味明显的酒。"（Give me a new world wine! I want something very bold and oaky!）

"我想尝试一下新世界里的冷凉风格。"（I want to explore the cool-climate style in new world wine countries.）"

"我的口味非常旧派，最好是有点陈年痕迹的那种风格。"（My taste is very old-school. I am fond of wines that have some aging.）

通过酒标风格判断

酒标的正标或背标上通常都会带有国家信息，所以通过酒标，基本会知道它来自新世界还是旧世界。但其实，新旧世界的酒标在内容和风格上也是有明显差异的。在典型的新世界酒标上，品种名称会被标得很大的。而在典型的旧世界酒标上，通常将产区名字标得很大，品种名经常不写。

然而，这些信息不能当作我们判断新旧世界风格的依据。新旧世界不仅指地理位置，也指代风格倾向，不能局限于酒庄在哪里。很多时候，一个新世界的酿酒师，会想做一支旧世界风格的酒；反之亦然。在这样的情况下，我们可以通过酒标的视觉风格来判断。

　　因为当一个酿酒师"反叛"自己身处的人文环境时，他就需要向消费者传达自己的理念，而传达的最好方法，便是通过酒标的视觉风格。

　　旧世界视觉风格经常突出"传承"与"阶级"，常常出现城堡、庄园、雕刻等视觉元素，看上去比较庄重。字体通常是不易阅读的哥特体和花体，如右图中所示的拉菲酒庄（Château Lafite Rothschild）的酒标。

　　而新世界视觉风格经常带有更多庄主的个人色彩，风格广泛，现代艺术元素出现的频率较高，或者走极简路线。文字上无论是偏向手写体还是印刷体，易读性通常是第一考量。如左图所示的克兰山庄星光园西拉酒庄（Clarendon Hills Astralis Shiraz）的酒标。

不过，有一些旧派理念的新世界酒庄，有可能会把自己的酒标做得更加古典，如下图所示的多米纳斯酒庄（Dominus）的酒标。

而一些比较前卫的旧世界酒庄，会把自己的酒标做得十分简约新潮，如下图所示的迪尔达格纳古堡燧石干白（Didier Dagueneau Silex）的酒标。

醉鹅娘小贴士：新世界和旧世界，
酿酒哲学大不同

前文中说到，我对新旧世界酿酒哲学的理解是：新世界注重理性控制，旧世界注重自然原生；新世界以口味为标准，旧世界以文化为标准。

理性控制 vs 自然原生

在怎么才能做出好酒这件事上，新旧世界的哲学是不同的。新世界追求可控性，在葡萄的种植和酿酒的每个环节都务必要监测、分析和控制，才能做出自己理想的葡萄酒；而旧世界追求原生态，追求更自然的生产方式，适量"放养"，以使葡萄酒的表达更有个性。

如果用育儿打比方，新世界酿酒师是"虎妈"，相信孩子的潜力需要调教来发挥；旧世界酿酒师是"佛系妈"，相信孩子的潜力需要自主发展。

为什么会有这种区别？让我们从源头说起。

最初，葡萄酒的产生并不是人类发明的，而是被"发现"的。古人发现，葡萄破皮之后，如果静置一段时间再吃，人竟然会晕晕乎乎的。现在我们知道，这是因为葡萄里的糖分发酵产生了酒精，但那时候的人一点都不了解。哪怕后来人们开始有意种植葡萄，酿造葡萄酒，也是出于经验，而且因为人们不了解"发酵"的原理，所以葡萄酒是很容易被酿坏的。

所以，旧世界酿酒师可能是这么做的：采完葡萄，扔进大缸里，用脚或者其他工具捣烂，发酵过程中时不时再搅拌一下，剩下的事情就交给老天爷了。有时候能酿出非常好的酒，但有时候就酿出了特别差的酒，这就是酿酒最经典、最极端的"原生态"。

到了 19 世纪中期，终于有一个叫路易斯·巴斯德（*Louis Pasteur*）的人发现了酒精发酵的原理，也就是酵母将糖转化成酒精这件事。他还发现，造成很多葡萄酒产生异味或者放坏的罪魁祸首是微生物。所以他鼓励加热葡萄酒来杀菌，避免放坏。这个手法是不是很熟悉？这就是现在食品工业里最常见的"巴氏灭菌法"。

再之后，随着学院派的发展，人们对葡萄酒的研究越来越精深，在各个方面都开始"定求甚解"。而第一个要改变的，就是要"消灭"一切质量糟糕的葡萄酒。你无法想象，在一个世纪之前，因为缺乏科学的酿酒知识，市场上的葡萄酒的质量普遍有多糟糕。而那时候新世界的目标，不是让每个酒庄酿出顶级酒，而是让更多的酒庄有能力生产干净且健康的葡萄酒。

但是对葡萄酒无节制的"控制"也会遭到反噬。一个酿酒师为了达到自己想要的风格，可以加糖、加酸、加单宁、用人工酵母、高度过滤。酿酒时控制过度，就像做菜不考虑食材因素只照搬食谱，只能酿出毫无个性的酒。

于是，旧世界的原生态的不干涉主张，在新的时代背景下应运而生。如果说曾经的"原生态"是被动不作为，那么现在的"原生态"就是在细致入微的观察基础上"明知可为而不为"——尊重原材料的特征，只要不出现质量上的偏差问题，就尽量不去干预葡萄酒的生产过程。旧世界声称，只有这样才能最大程度让葡萄酒反映出它所来自的风土，因为如果过多去调整和干涉，风土特色就会被遮盖住。

曾经，旧世界对风土的理解就是简单粗暴的"这个地方的酒一直就是这个味"，至于这个味道有多少是和制作工艺有关，有多少是和天气有关，有多少是和土壤有关，甚至还有多少是因为果味不成熟或者酿造缺陷，都不得而知。现在旧世界有了新世界的知识和监测水平后，才得以真正探索风土的秘密，还原风土的原貌。英文里有"best of both worlds"（两全其美）的说法，我非常喜欢。最好的理性控制是精确的，最好的自然原生是灵动的，只有我们把精确和灵动结合在一起，才能最细致地呈现风土，酿出世界上顶级的酒。

	旧世界的自然原生	新世界的理性控制
低段位	粗糙	工业
高段位	灵动	精确

目前来看，葡萄酒的历史是螺旋式上升的，大概经历这么个阶段：老旧派—新派—新旧派。

新旧世界在酿酒哲学上的区别，越发有些中国文化中"阴"和"阳"的味道。新世界相信"人"的力量，旧世界顺从

"天"的声音。在新世界强调"理性控制"的背后，是一种"有为"的思想；在旧世界强调"自然原生"的背后，是一种"无为"的思想。过去几十年，当新世界在"进步"的号角下把"有为"的控制做到极致之时，旧世界终于也迎来了文艺复兴，告诉大家，只有用"无为"思想"以柔克刚"，才能让技术有的放矢，为我所用。

以口味为标准 vs 以文化为标准

在到底什么酒是好酒这件事情上，新旧世界的标准是不同的。旧世界强调酒的价值除了"好喝"，还要有人文精神的传承，这一点更重要。也就是说，你觉得好不好喝没那么重要，重要的是你得学会欣赏酒的味道。而新世界强调酒的价值要首先体现在口味上，酒首先得好喝，其次才能再去深究文化特色。

咱们还拿中国美食举例。假如有一个味蕾很挑剔但完全不了解中餐的老外，声称他要给中国菜按百分制打分，而且还想把宫廷红烧肉和烤串放到一起打分。你会有什么样的反应呢？这样你也就不难理解，当新世界的品酒师开始给葡萄酒打分的时候，旧世界的人该有多么震惊和鄙夷了。所以我们可以总结：旧世界是以传统为标准，新世界以口味为标准。旧世界需要你"会喝"，新世界认为你"觉得好喝"是第一位的。

当我说旧世界强调你得"会喝"的时候，可能会让大家产生误解，认为以前的人都很会喝，并不是这样的。他们只是习惯了当地的味道。因为早前大家的选择实在太有限，每个地区的人只能喝到按照本地区传统酿出来的酒，久了自然就适应这个味道了。

但作为现代消费者的我们，面临成百上千的陌生选择，不可能去适应每一种味道。再加上，葡萄酒开始拥抱很多之前并没有喝葡萄酒传统的新市场（比如中国）。于是，旧世界酒庄的那一套——"我爷爷是怎么做的，所以我也这么做"，"这个地方的酒就是这个味"，在资本市场行不通了。酒庄为了提高竞争力，开始追求更高的果实质量、更讨喜的果味、早饮和更开放的风格。

纵观葡萄酒世界在过去一两百年内发生的变化，市场大环境从"传统本位"变成了"口味本位"——葡萄酒越来越成为"取悦"味蕾的饮品，而非一定要去"训练"味蕾才能喝明白的饮品。在这个转变中，有两个风云人物起到了核心的作用——一个是被称为"葡萄酒大帝"的罗伯特·帕克（Robert Parker），另一个是被称为"酿酒界帕克"的飞行酿酒师米歇尔·罗兰（Michel Rolland）。他们两个人，一个评酒，另一个酿酒。一个让葡萄酒被打上了分数，另一个找到了如何提高葡萄酒分数的"秘方"。一个促进了葡萄酒口味的全球化，另一个作为酿酒顾问把这种"全球化口味"带到了世界各地。

葡萄酒市场对于消费者口味的追逐从未如此热烈，澳大利亚酒业协会甚至投入大量资金进行消费者口味研究，用大数据预测消费者口味，甚至研究出葡萄酒里的什么化学分子更容易得到高分。可对于热爱葡萄酒的人来说，这样做让葡萄酒少了些什么。关于什么是"好喝"，人们貌似拥有了一个更坚固的衡量尺度——成熟浓郁就是好喝。也因为这样的见解让葡萄酒行业突飞猛进，提高了整体质量。但经过了这么多年对好喝的追逐，人们现在竟然又不知道"好喝"究竟是什么标准了。当人们以口味作为标尺，结果就是酒的同质化和标准的主观化。如果你做葡萄酒盲品的话，通常情况是，那些在"全球化味蕾"的驱动下被打高分的酒虽然好喝，但辨识度比较低。就好像当你想起若干年前看过的一部好莱坞动作片，除了打打杀杀，竟也想不起更多情节和人物细节了。

而这时候，旧世界的人跑出来，说他们有一把比"口味"更好的用来衡量葡萄酒的标尺，这把标尺的名字叫"传统"。葡萄酒该如何承载人文精神呢？首先，要把葡萄酒的价值放到文化背景下去判断。新世界喜欢搞盲品，搞竞赛，背后的逻辑是剥离葡萄酒的文化属性，用口味的绝对值来判断酒的价值。而旧世界反对这种一刀切的选美式竞争，认为葡萄酒的文化属性还体现为它在生活方式中的融入，所以旧世界的人格外强调葡萄酒的配餐性，喜欢讲究餐酒搭配。

总结下来——新世界的尺子是"人的欲望"，而旧世界的尺子是"传统和文化"。当然，传统和文化虽然也是人建立起来的，但不妨碍集体文化与个人欲望像人内心里的两个小人儿一样，不断发生冲突，也不断借由这种冲突推动历史的发展。新世界和旧世界，就是人的两面性在撕扯。

你是新派还是旧派呢？往往人在刚开始学酒的时候，更容易是新派。而随着喝酒阅历的增加，会越来越倾向旧派。

我的建议是，千万不要觉得因为旧世界是"成熟人士"的选择就去盲目跟风，因为你必须要经历整个转变的过程。你必须要忠于自己的内心，去体会不同类型的乐趣。你必须先体验到最极致纯粹的以自我为中心的"纵欲"，才能体会到饱餍后的理性和审视，回到孩童般天真的享受。只有在这个螺旋式上升的过程中，你才能真正感受葡萄酒的魅力和哲理。

	旧世界的传统本位	新世界的口味本位
低段位	农家乐	麦当劳
高段位	老饕之食	米其林

第 5 课

质量标准：
好坏竟然真的能喝出来

曾经的我，最讨厌的就是每次评论葡萄酒质量的时候，总有好事者要跟我强调一句："葡萄酒这东西吧，评价标准很主观，你喜欢就好。"

每次我都会反问："吃起来酸酸涩涩的葡萄，和成熟多汁、浓郁芳香的葡萄酿出来的酒能一样吗？这仅仅是主观的问题吗？"

有一点我必须解释：葡萄酒的质量评判不能靠主观感受，而是有一条绝对"金线"的——是否达到这条金线，取决于葡萄完美成熟与否。

5.1

质量三级标准

什么是"完美成熟"的葡萄

2013 年,我曾在酒庄做摘葡萄的苦工。那年是一个小年份(气候偏冷、葡萄成熟度不高且产量比较小的年份),又冷又湿的春季放缓了葡萄结果的步伐,夏季气温也不够高,到了收获季节又雨水连绵。在收获的葡萄中,能看到成熟的黄色葡萄,也能看到一些未熟的青色葡萄,还有染上了贵腐菌的紫色葡萄,甚至还有一些已经腐烂的黑色葡萄。

这几种葡萄,哪种状态下的葡萄酿出来的酒质量最好?答案当然是成熟健康的葡萄。关于葡萄酒质量的真相,我们需要回到最朴素的道理——只有葡萄的质量好,才有底子酿出好的葡萄酒。这也是为什么葡萄酒世界里经常流传着一句话:"伟大的葡萄酒不是在酿酒的酒窖里被决定的,而是在葡萄园里就被决定了。"

什么样的葡萄能酿出好酒呢？答案就是四个字——"完美成熟"。"成熟"容易理解，但"完美成熟"指的是什么？

第一，"完美成熟"的葡萄需要生理成熟度高。前面我们提到，葡萄的成熟有两个维度，一个是"糖分成熟度"，一个是"生理成熟度"。不是糖分成熟度，而是生理成熟度决定了葡萄的"味"足不足，单宁熟不熟。

第二，"完美成熟"的葡萄需要保持足够的酸度。这是很难做到的——葡萄在成熟过程中，酸度是在不断降低的，因此要求葡萄在生理成熟度高的同时还有足够的酸度，其实是在要求鱼和熊掌兼得。如果只追求成熟度而不追求酸度，酒就只能酿成非常没有活力的葡萄酒，酒农会称之为"dead fruit wine"，直译为"果子死掉了的酒"。

第三，"完美成熟"的葡萄需要保持适当的糖分成熟度。这是什么意思呢？葡萄在成熟过程中，生理成熟度和糖分成熟度虽然都在增加，但增速却不一定相同。可能是因为产量过大，也可能是因为葡萄生长季突然变得非常炎热，葡萄的糖分突然大量积累，但酚类等代表生理成熟的物质却没赶上，这样的葡萄酿出来的酒就会酒精感重，呛人有余却滋味不足，而且往往也会伴随过低的酸度。而最理想的情况是，糖分积累的速度足够慢，慢到葡萄的生理成熟度也有机会慢慢积累，同时酸度也不会掉下去太多。这样的葡萄，就是完美成熟的葡萄。

葡萄酒的常规质量标准

葡萄酒世界里最常规的质量评判标准是"BLIC"（见下页图）。

平衡是指葡萄酒的各要素都完美融合于酒中，没有任何要素表现得过于突兀。

回味指的是酒喝下去之后留在嘴里的味道有多长时间。具体时长没有固定标准，毕竟每个人对于什么时候回味结束无法统一意见。但哪怕如此，我也认为回味是这四个标准里相对靠谱的标准。

浓郁度的另一种说法叫作集中度，葡萄的高生理成熟度是高浓郁度的基础。

复杂度高的酒，风味十足且富有层次。

其实，我个人非常不喜欢BLIC，原因有二：

第一，复杂度和平衡这两个概念过于"万金油"，都是一些比较虚的词汇。尤其是平衡这个概念，简直可以说"一千个品酒师嘴里有一千种平衡"。柔和的、不突兀的酒可以说是平衡的，结构宏大的酒也可以说是平衡的，有些偏爱酸度的品评者觉得酸度到了一定程度才是平衡的，有些偏爱酒体的品评者觉得足够浓郁才谈得上平衡……对于同一款酒的平衡度和复杂度，即便都是资深专家，也不一定能得出同样的结论。

第二，BLIC没有考虑到葡萄酒世界的差序格局，用一个质量标准一刀切。我并不反对统一标准，但我觉得每片风土都有自己的标准。而且哪怕是统一的标准，也要考虑到一款酒被酿制出来的初衷和"上下文"。我在当葡萄酒评委的时候，最头疼的一点就是有些酒分明没有那么大"野心"，酿造的时候就很明确地朝着一款平易近人的平价酒方向努力，而且做得非常成功，却要被评委打低分。而有些酒摆明了有野心要做成贵酒，但有明显缺陷或力不从心，整体喝下去的愉悦度还不如做得好的平价酒。这样的两款酒，打分的标准怎么能一样呢？

这个道理就好像，对于日常生活里的小美女，非要用大明星的标准来要求她的长相，然后说人家丑，这不合适。但如果她要跑去演电影里倾国倾城的美人，就必须得用更严苛的标准去评判了。

葡萄酒的"质量三级标准"

在我心目中，葡萄酒世界被笼统分为三个级别：入门、精品、顶级，也就相应有了三级标准，我把这三级标准称为葡萄酒的"质量三级标准"。

入门级别，标准是"顺口且新鲜"。

顺口，意味着酿造酒的葡萄得有基本的成熟度，不能喝上去有不成熟带来的酸涩，且有足够的果味（注意不是"充沛"的果味，而是"足够"）。

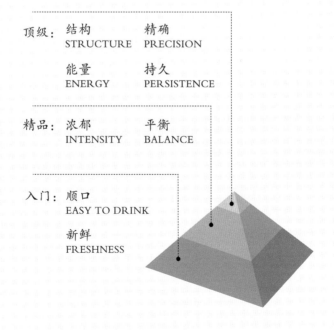

顶级：　结构　　　精确
　　　　STRUCTURE　PRECISION

　　　　能量　　　持久
　　　　ENERGY　　PERSISTENCE

精品：　浓郁　　　平衡
　　　　INTENSITY　BALANCE

入门：　顺口
　　　　EASY TO DRINK

　　　　新鲜
　　　　FRESHNESS

新鲜，意味着酒不能有"罐头感"，或者为了成熟度而牺牲酸度的不新鲜感，喝上去得感觉是新鲜的葡萄果实酿的。

这两个条件看似简单，但其实，市面上很多平价酒都没有做到这两点，很多酒都会出现果味不足、明显的不干净、不成熟、不新鲜的问题。

对于入门级别的酒，我们不能用"平衡""复杂"这样的词汇去要求，甚至"简单"都是对它的赞美，因为这说明它没有"僭越"自己的身份定位，故意追求一些华而不实的东西。

精品级别的葡萄酒，我们就需要用"完美成熟"来要求了，具体的标准是"浓郁且平衡"。只有完美成熟的葡萄酿出的酒，才能达到这个标准，因为它能做到既有酸度又有高生理成熟度，糖分成熟度也适当。我将这种酒称为"中产葡萄酒"。

在这里正好回答一个问题：浓郁度越高，酒的质量就越好吗？不知道你们有没有听说过这句话："以大多数人的努力程度之低，根本轮不到拼天赋。"同理，以大多数酒的浓郁度之有限，根本就不配去讨论"浓郁度过高是好是坏"这种高阶话题。可能有些人会说："浓郁度当然不是评判葡萄酒最重要的标准，因为很多优雅型的葡萄酒也很高级。"可是，把顶级名庄的优雅和精品酒庄的浓郁放在一个层次去讨论，本来就不公平。而且，哪怕是在勃艮第这样的讲究优雅的产区，酒庄的高端款也普遍比基础款要浓，更"集中"。是的，一个听上去比"浓郁度"格调更高的词，是"集中度"。我们要先争取过了浓郁度这条线，再谈优雅，这样才比较合适。

毕竟，"浓郁度"这个概念和"优雅"不一样，它需要"真枪实弹"。优雅可以是浓郁度不足的遮羞布，可浓郁度就真的需要足够浓郁了。这和我们人生中的很多道理都近似，越"务虚"，就越有浮夸人士趋之若鹜；越"务实"，就越需要硬实力。

而"平衡"指的就是在浓郁度足够的情况下，还要继续要求"完美成熟"，也就是足够的酸度和适当的糖分成熟度。其实本来我是不想用这个词的，因为这个概念真的太泛泛了，但无奈这就是现在的主流话语。我把它在口感的层面上定义得更加狭义一些：

我想要定义的"平衡"特指"延展性"——能够拉长回味，并且在回味里仍然能够让人持续感到愉悦的风味，无论风味的承载物是酸还是单宁。但这个承载物一定不是呛人的酒精感，或者尖刻的酸。只有"完美成熟的葡萄"匹配足够好的酿酒技术，才能做出在嘴中有延展性的葡萄酒。所以如果你也想规避评论"平衡"时可能会引起的误会，可以直接用"延展性"这个概念来表达酒在嘴里的感受。

到了顶级这个级别，我们就已经进入了葡萄酒世界的金字塔塔尖，处于塔尖的就是那些众星捧月甚至一瓶难求的葡萄酒了。对于它们来说，浓郁度也好，平衡也罢，都是最基本的要求。它们追求的是更"虚"的东西，是能给人带来更多精神和感官上的双重快感。最好的酒带来的体验，能唤起对美好生活的无限感恩，甚至能带来情感和精神层面的深度共鸣。

我特别喜欢的《侍酒师的秘密》（*Secrets of the Sommeliers*）一书中，有一段对勃艮第的描述，读完这段描述，你就知道我不是一个人在追求高级："就像难以捉摸的统一物理学理论一样，伟大的勃艮第人尽其所能地团结看似对立的力量：结实的结构与抚慰人心的温柔口感相结合，泥土中的矿物质与多汁的水果相啮合，巨大的力量与空灵的美味融合在一起⋯⋯"

这个级别的酒的评判标准，老实说就变得非常主观了。但我可以在这里提供 4 个我认为真正顶级的酒才配得上用的词汇，对葡萄酒有一定的阅历后会感受到，即"SPEP"——S，Structure（结构）；P，Precision（精确）；E，Energy（能量）；P，Persistence（持久）。

结构

酒到了一定境界后，再用堆砌出来的风味用词去形容就真的不够了。在这个级别，我们更多要强调一支酒的"结构"，也就是判断它的各个口感维度是不是组合得足够好。一个房子能建多高，和房子的地基是怎么打的有极大关系。同理，一瓶酒的陈年潜力有多强，和酒的"结构"有极大关系，结构越强，陈年潜力越大。结构和平衡的区别就在于，结构的含义更精准。

葡萄酒结构的风格非常多样，有些"靠单宁走天下"，有些"回味微苦但可以接受"，所以我们不能对结构有一个一刀切的评判标准。对葡萄酒风格足够了解的人则知道在特定产区、品种或风土的框架下去评判，这也是为什么对顶级酒的欣赏是需要经验和审美培训的。不过为了方便理解，我们可以把结构分成"小结构"和"大结构"两种风格倾向。

小结构：整体上口感强烈度和厚重感低。酒精度、酒体、单宁、酸度等口感指标普遍偏低或者个别偏低。

大结构：整体口感强烈度和厚重感高。酒精度、酒体、单宁、酸度等口感指标普遍偏高或者个别偏高。

精确

如果"结构"是对葡萄酒框架上的要求，那么"精确"就是对葡萄酒细节上的要求。有些酒一喝就知道它很"精确"——如果你不知道精确是什么感觉，也可以理解为香气、口味、质感上的细腻。

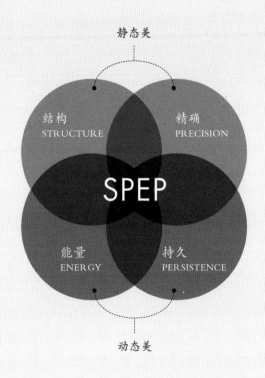

静态美

结构
STRUCTURE

精确
PRECISION

SPEP

能量
ENERGY

持久
PERSISTENCE

动态美

这种嘴里的精确感可能来自采摘和筛选的细致，酿造时没有任何不合标准的葡萄"混"进来，甚至有可能是"逐粒精选"的；也可能来自种植上的细致，比如在葡萄园里依照不同的照料方法下了功夫；还有可能是来自酿酒上的细致，针对不同状态的园子和葡萄用了不同的酿酒手法和陈酿方式。

总而言之，喝酒喝到了一定境界后，就能喝出这种精确感，而这种钻牛角尖般的细致，几乎可以说是顶级酿酒师的"通病"。而且哪怕是那些声称遵循"放养原则"的酿酒师（他们遵循不干预的酿酒哲学，种植和酿造过程中几乎没有人工干预），也是有的放矢地放养。

能量

能量在一些酒评家嘴里，会被称为"张力"或者"令人为之一振的力量"。如果说"结构"和"精确"属于葡萄酒的静态美，那么"能量"就属于葡萄酒的"动态美"。能量是我最喜欢的一个形容顶级酒的词汇，因为它代表的是一种生命力。真正的好酒是有生命的。

那能量具体在嘴里是怎么表现的？它可能是紧致酸度带来的张力或弹性，可能是紧致单宁带来的"韧劲"，也可能是厚重酒体像铺盖一样慢慢盖在你舌头上的温柔。但它们都有一个共性——都是酒的质感在嘴里的"动态演绎"，仿佛在和你交流，和你诉说某个故事。这样的描述可能听起来很主观，但确实只有真正尊重葡萄酒的酿酒师才能酿出有能量感的酒——如果葡萄果实不够健康新鲜、酿酒手法的控制性太强，都会把葡萄本身的能量和"倾诉欲"给扼杀掉。

持久

"持久"也是一种葡萄酒的动态美，一种在时间的长河中流淌和变化的美丽。这种持久，不光指的是在嘴里的回味要持久，还指在杯中、在瓶中也得足够持久。

在嘴中的持久度，也就是咽下一款酒以后它在嘴里留下的时间长度，也就是回味时间。如果是顶级好酒，哪怕它的酒体再怎么优雅，回味都会持续很长时间，一般来说至少有 15 秒。

回味长短这件事，最重要的是建立自己的衡量标准。你不需要和别人的标准一模一样，只要自己有一个回味结束标准，你自己就是那把衡量的尺子。每次喝酒都保持统一标准，你就会对回味长短这件事慢慢产生感觉。

在考虑回味长短时需要同时考虑回味的愉悦度，"愉悦"虽然听上去非常抽象，但实际很好理解：没有难喝的苦味、尖酸或者任何一种让你皱眉的感觉，就算是"愉悦"的。在衡量回味的时候，也要考虑葡萄酒的结构大小，因为重酒体大结构的酒回味更长。所以"小结构组"和"大结构组"要区分开来，就像举重选手一样，要分轻量级和重量级。

我们基本可以下结论：在风格相同情况下，愉悦的回味越长，酒的质量越好。

至于杯中的持久度，经常喝酒的人都知道，好的酒能在杯中挺立很长时间并且香气会有所变化，而不好的酒在杯中没放多久就"垮"了，只剩下酸和酒精感。当然，考虑杯中持久度时需要同时考虑结构大小和年份新老，因为大结构和新年份的酒更容易在杯中持久。

在瓶中的持久度就是陈年潜力。大结构的酒更容易有陈年潜力。有些享乐主义的葡萄酒（年轻时候就浓郁甜美、不追求陈年的葡萄酒）陈年潜力相对比较小，但在年轻时有无与伦比的魅力，我们不能因为它不能陈放就拒绝承认它的高质量。这和欧洲传统风格相反，欧洲很多产区的葡萄酒传统上是需要陈年一段时间才好喝的。

在介绍完我的"质量三级标准"之后，也许你会问：为什么"复杂度"不是标准之一？因为我认为，"复杂"只是顶级酒的一种风格取向，和"复杂"同样高级、但往往被人们忽视的另一种风格取向是"纯净"。纯净在顶级雷司令中体现得淋漓尽致，你却不能说它没有走复杂路线的葡萄酒质量好。无论是复杂还是纯净，在结构和精确上的要求是一样的。况且，如果一支酒能在杯中持久变化，比起单纯在某个时间点体现风味复杂性，更能说明葡萄酒的质量。

另一个我考虑了很久的标准是"真实"——无论是主张零添加、纯天然的自然派，还是主张表达风土和个性的新旧派，都让这个词目前在酒圈非常流行。但我没有把它作为对顶级酒评价的标准之一，原因是"真实"这个词不应该只属于金字塔尖上那些酒。

实际上，每一个等级的葡萄酒都有"忠于自己"的哲学。位于塔尖的葡萄酒有资本去追求"缥缈"的风土特质，这没问题。但同时"中产葡萄酒"和普通葡萄酒也有属于自己的"本分"——无论是为生活提供品鉴的情趣，还是满足畅饮的需要。

正如上文中提到的，如果是一款平价酒，虽然浓郁度不足但顺口新鲜，那它就是真实的。如果有些酒有野心做成贵酒却有明显缺陷，那它就是不真实的。

质量高的酒不一定好喝

经常有人问我："我是不是天生舌头'木'？怎么 1000 多块钱的酒和 100 多块钱的酒喝不出哪个好？"

之所以出现这种情况，一是很多人没有把两支酒对比着喝，二是喝的时候"心不静"或者没有好的引导。我之前在教线下课的时候就发现，当我请大家把注意力放在一支酒的回味长短的时候，即便是完完全全的"小白"，也有百分之八九十的概率可以盲品出 3 款酒里哪个质量最高，哪个质量最低。相反，如果让他们去考虑什么复杂度、平衡，大家就晕头转向，判断失误率陡增。

不过，我们也的确经常碰到这种情况：理论上高质量的酒却不一定"好喝"。这是为什么呢？

关于"好喝"这个概念怎么从业内统一标准上去理解，前面已经阐述过了。我现在想从消费者个人角度来分析一下，为什么质量高的酒不一定更好喝。

酒不在适饮期，处于完全封闭状态的话，觉得它不好喝是再正常不过的。因为这酒现在倒出来就是没什么味道，需要陈年才能发展出复杂的味道。

我参加的顶级酒酒局越多，就越感慨：侍酒师的角色实在太重要了！因为同样的酒，没处理好和处理好的区别之大，就好似在家蓬头垢面的你和打扮得光鲜亮丽的你。

和标准化商品不一样，酒是有"生命"的。有生命就意味着它不稳定，就像水平很高的球队不是每次比赛都会赢一样。可能有缺陷是葡萄酒无法避免的宿命。这些缺陷有些是先天的，有些是后天的。先天缺陷最常见的就是木塞味，后天缺陷最常见的就是存储不当。

"晕瓶"（bottle shock）也代表了一种葡萄酒的不稳定性，它是一种还没有找到科学依据但所有人都觉得存在的现象：如果酒刚刚装瓶或者刚刚长途跋涉运输过来，就会不好喝。不要问我为什么，我也不知道。我们暂且理解为酒刚搬了家，水土不服吧。

除了客观因素，还有主观因素。每个人都有自己的口味，所以当然会高估自己喜欢的酒，低估自己不喜欢的酒。这是人之常情。

但就是因为不同人的口味不同，导致了现在针对葡萄酒的两种"反智"舆论倾向。

第一种"反智倾向"认为，葡萄酒质量高低和葡萄酒世界的等级基本上就是大骗局。这些"反智分子"认为，酒和酒之间怎么可能差那么多？高端酒所有的"溢价"都是有钱人标榜自己的方式，是资本市场的把戏。其背后的逻辑是，任何自己不理解的事物都可以等同于荒诞，等同于虚荣心作怪。

之前有一篇文章在网上风行过好一阵子，文章中写道：对于普通人来说，一瓶昂贵的木桐酒和一瓶便宜的普通波尔多带来的乐趣是差不多的。但我认为，品位这东西，确实不该盲从，但也不该盲目，更不该自恃品位。珍宝的发现是需要用心加经验的，岂是"天下红酒一般味"这样的粗浅之谈可以抹黑的？

第二种"反智倾向"更不容易被察觉，因此我更有义务指出，那就是"红酒好坏不重要，你喜欢才最重要"这种鸡汤式言论。"你喜欢就好"的论调看上去平易近人，但其实很容易变味成另一种偏见。

过度放大自己喜好的重要性，会有 3 个危害：

第一，它会长期影响你判断酒的质量的能力。因为你会因为一支酒是自己喜欢的风格而去高估它的质量，也会因为一支酒不是自己喜欢的风格而去低估它的质量。你会分不清楚风格和质量之间的区别。

第二，它会让你无法有效地与别人交流，反而容易导致无意义地站队。这种情况下，经常发生的对话是："我很喜欢 A 这支酒，我不喜欢 B。""我和你相反，我喜欢 B 不喜欢 A。"没有任何探讨的余地，没有碰撞出任何火花，交流没有任何营养。自己喜欢固然重要，但能够超越自己的喜好去欣赏他者的存在是任何一个多元社会存在的基石，也是能够产生真正有意义的探讨和对话的土壤。葡萄酒的世界也是这个道理。

第三，它会限制葡萄酒对你的滋养。你会没那么愿意尝试自己不适应的口味，失去打开视野的机会，也因此无法通过葡萄酒提升感官上的敏锐度。如果不搭配相应的审美框架和训练，很多东西其实感受不出来，因此也无从获得感官和心理上的无上满足。是的，如果你过分沉浸于自己的喜好，不去多付出一点了解，不保持开放的心态，那么无论你喝的是平价酒还是顶级酒，终有一天等待你的都是无聊和空虚。

没有审美，意味着一个人的善恶观是非黑即白、"简单粗暴"的。同样地，一个没有葡萄酒审美的人，是不知什么是真正的"好喝"的。而一个有葡萄酒审美的人，知道葡萄酒的质量好坏和等级高低是真实存在的。

5.2
判断质量高低的简单品酒法

根据回味长短判断质量高低

为什么葡萄酒的回味长短和质量高低如此相关？

第一，因为高质量的酒风味一定是足的。而风味越足的酒，回味时间越长。风味足不等于浓郁，用食物来举例：上好的菌汤或鸡汤可以在质感上极清爽，但风味极足；而质量差的奶油蘑菇汤的风味强度可能匹配不上它浓厚的质感。酒精度对酒的作用，就像油脂对烹饪食物的作用一般，它让风味更饱满、口感更醇厚。但如果酒精度过高，而风味很寡淡，不但毫无口感可言，而且会露出呛灼的酒精味。就像不好的食材做出来的盒饭一样，味道只能靠调料和油撑起来。

第二，高质量的酒是完美成熟的，意味着不光风味足，还会口感"平衡"。口感平衡，指既有酚类物质带来的浓郁滋味和成熟单宁，又有酸度带来的新鲜感和"纵深感"。而越是风味和平衡感兼具的果实，长回味的潜力就越大。只不过，现在"平衡"一词经常被滥用，导致很多人以为说"平衡"的酒的时候，指的是那种什么都不突出的无功无过的酒，殊不知，一支酒平衡与否是和风格轻盈与否、浓郁与否无关的，而和酚类物质成熟度、酸度是否兼具有关。

当然，如果你要把天生小结构的酒和天生大结构的酒放到一起去比较，那么天生小结构的酒肯定是吃亏的——回想一下你喝重口味的全脂牛奶和轻口味的脱脂牛奶时的回味长短。但如果都是小结构的酒，回味更长的往往是质量更好的。所以在用回味去给酒做判断的时候，要拿相同风格的酒去做比较。

首先拥有判断一支酒风格的能力

也许你要问：我怎么知道这两支酒风格是否相同？我还是个初学者呀！

我的建议是：挑一个你不反感的产区——可以是波尔多，可以是澳大利亚巴罗萨，也可以是西班牙里奥哈，然后就一直只喝这个产区生产的同品种的酒，不停去比较酒的回味长短。如果你喝的是甜酒，那就要保证它们是来自同一个产区的相同品种、相同甜度级别的酒。

当你真正把同一个风格的酒喝透之后，就会发现自己慢慢可以将判断这个风格的酒质量好坏的标准，变通到其他风格的酒上。这里我再举个例子：我经常被人夸"衣品"好，而且我也很会给别人穿搭建议，但这不是一蹴而就的。我要先找到适合自己的风格，不断把怎么体现自己风格这件事精进，自然就在这个过程中提高了审美，而这种审美自然能够"嫁接"到欣赏别人的风格上。在我的审美力不够之前，我觉得豹纹是非常丑非常俗的东西，但审美力提高以后，我就有能力判断豹纹作为一种服饰元素应该怎么驾驭、什么人能驾驭。

在没喝"透"你喜欢的某种风格之前，当然可以同时尝试其他风格，但是不要对其他产区的酒的质量妄下判断——这是很多半吊子爱好者特别喜欢干的事情。动不动就对着一个名庄指手画脚："这酒吹得这么厉害也不怎么样嘛。""那个产区的酒怎么都那么难喝？"他们不是自大，只是盲目。说到底，就是一开始喝酒的时候走歪了，混淆了"风格"和"质量"的区别。一个人的葡萄酒"三观"决定了他是越喝心胸越狭窄，还是越喝心胸越开阔。

延伸阅读：相同产区不同质量的酒款推荐

1. 波尔多

入门级：来自波尔多大区，如拉菲传奇（Légende Bordeaux）

精品级：来自中级庄，如宝捷（Château Poujeaux）

顶级：来自高质量列级庄，如波菲（Château Léoville-Poyferré）

> 2. 智利
>
> 入门级：红鸟梅洛珍藏干红（Flamenco Andino Reserva Merlot）
>
> 精品级：黑鸟家族珍藏精选田干红（Flamenco Andino Family Reserva Selected Blocks）
>
> 顶级：伊拉苏酒庄查威克干红（Viñedo Chadwick）

点酒指南

如果在餐厅或专卖店里选酒，有什么"黑话"可以不提价格，就能让接待者明白你想要什么样的葡萄酒，又觉得你很懂行呢？形容葡萄酒的词汇不单单只是词汇，而是暗含了很多信息量的。一些形容词，外行根本听不出褒贬，但内行能通过这些词听出酒的档次。

下面，我帮大家梳理一下酒圈的人点酒时会用到的"黑话"，让你也能在需要的场合运用自如。

想要点入门级别的酒

在餐厅，如果不想花太多钱，只想点入门级别的酒的话，有几个黄金词汇可以使用：易饮、果味、新鲜（清爽）。

1. 易饮

易饮，就是容易饮用，喝着轻松——既然是满足畅饮需求的，不必搞得太复杂。

点酒的时候可以这么说："我想要易饮一些的口粮酒。"（I want an easy-drinking wine, the bread-and-butter-type you know？）

值得注意的是，"易饮"和"易饮性"的概念是不同的。易饮性是一个更高阶的词，和易饮是同样的意思，但只用于形容那些高水准的精品酒。能够被称为有"易饮性"的酒，往往已经过了追求浓郁度的阶段，而是开始返璞归真，追求"喝着不累"，能一杯接一杯喝下去，而不会因为过度浓郁，喝一杯就"饱"了。颇有点"采菊东篱下"的出世范儿。

2. 果香丰富或果味突出的

当你在点酒的时候，"果香丰富"和"果味突出"往往指向那些"只有果味没有其他复杂度的、比较平价"的酒。

你可以这么点酒："今天场合比较轻松，我要那瓶果味为主的酒就行啦。"（It's a very casual occasion, so I'm taking that fruity wine with me.）

评价一款酒"果香丰富"和评价一款酒的"果实质量高"不一

样。往往果实质量足够好的酒，就不仅仅是"果香丰富"了，所以"果实质量高"往往用于评价更高阶的酒。

3. 新鲜 / 清爽

如果只用"新鲜"来形容一款酒，没有加其他的褒义词，那"新鲜"就是指酒体比较清淡、酸度有活力的酒。

想点新鲜的酒时可以这么说："天气热得我都没法思考了，我得喝清爽新鲜的酒安静一下。"（It's too hot to think, I need a really crisp and fresh wine to calm me down.）

需要注意的是，"新鲜"如果和其他褒义词搭配出现，它的含义可能会更"高级"，意味着葡萄果实完美成熟，在生理成熟的同时还能保持酸度的清爽。

还有一些评价用词，它们形容的是入门级别的酒：适合早饮的、适合餐前饮用的、普通的。

想要点更高级别的酒

下面，我想通过一些关键词，跟你聊聊精品酒和顶级酒的分界线在哪里，这些词是：品种特性、风土驱动、经典、严肃和陈年潜力。

1. 品种特性

入门级别的酒往往不会有太强的个性，如果能有典型的品种特性，就已经非常厉害了，因此评价一款入门级别的酒"有品种特性"是很好的夸赞。而品种特性对于精品级别的酒来说，往往是基本要求，并且精品酒最好在品种特性的基础上有更强的特色。至于顶级酒，则已经到了不屑于去表现品种特性的阶段——有些酿酒师甚至还会为人们完全尝不出酒的品种而骄傲呢。

而顶级酒想要强调的，当然是风土。

2. 风土驱动

如果一支酒的生产者胆敢称"风土驱动"，那至少这不是入门酒。但风土驱动程度如何，就不一定了，毕竟现在"风土"一词也变成了营销概念。

3. 经典

"经典"是一个含混不清的词。它的意思可以是"正宗"，也可以是"虽然正宗但质量一般"，所以不能用此词来判断酒的质量。尤其是在年份表里，如果用"经典"来形容某个年份，指的就是"一般以上，优质未满"。

4. 严肃

如果用"严肃"来形容一支酒,那这支酒至少是精品级别的,而且很有可能是顶级酒。可能你会问:称一支酒为"严肃"到底是什么意思?其实说白了,"严肃"就是"易饮"的对立面,被评为"严肃"的酒不是让你随便喝的,而是需要投入脑力和感官去理解的。而且严肃的酒往往都会有很强的陈年潜力。

5. 陈年潜力

在陈年潜力这件事上,往往有酒庄夸大其词。如果真的是好酒,酒庄至少会说"能陈 10 年以上",如果酒庄都说某支酒的陈年潜力是 5~8 年,那这酒肯定是比较普通的酒了。当然,陈年潜力无法一概而论,我在这里也只是经验之谈,仅供参考。

5.3
使得葡萄酒完美成熟的因素

现在让我们回到源头，试图回答"是什么决定了一支酒的质量"或"使得葡萄酒完美成熟的因素是什么"。

当然，此种问题从某种角度来说是无解的。倘若有固定的答案，那么多的酒农和酿酒师不都可以做出顶级酒了吗？所以我只能勾勒出框架给你看。正如我们虽然无法精确回答"什么能让人成功"，但可以先观察成功人士身上具备的一些基本共性。

如果说高品质的、完美成熟的葡萄酒有什么共性的话，我认为有两个——"低产"和"慢熟"。

为什么低产好？因为我们都知道这世上鱼和熊掌不可兼得，产量和质量往往不可兼得。

但是，不是说只要产量低，葡萄藤稀疏一点就能达到效果。是达到低产的过程，而非低产这个结果本身在影响质量。

要知道，葡萄藤生命力非常强，如果有特别安逸富足的条件，它们会疯狂地"扩张"，把精力用在长叶子和长枝干上，这种情况下结出的果子质量是很低的。如果想驯化它们结出好果，要不就是让它们有生存危机而不得不把精力放在结好果上（毕竟如果结的果子不好吃，鸟不来吃，无法传播种子，便会"断子绝孙"），要不就是使它们通过岁月的洗礼自己明白好好结果的道理。

所以，"天将降大任于斯'葡'也，必先苦其心志，劳其筋骨，饿其体肤，空乏其身"。这也是为什么葡萄酒行业流行这两句话——"贫瘠的土壤产出伟大的葡萄酒"（Bad soil makes great wine），"葡萄藤不喜欢湿脚（Vines don't like wet feet）。土壤贫瘠水分稀少，才能让葡萄藤产生生存危机，从而控制藤的长势，也就平衡了果实的数量和质量。葡萄藤跟人一样，天性散漫，倒逼一下能成大业，所以我一直觉得葡萄藤是非常有灵性的。

这也是为什么我们常常发现世界上最伟大的风土，要不然土壤贫瘠，要不然是大斜坡（斜坡排水），要不然两者兼具。比如波尔多一些地区有大面积的砾石，摩泽尔的一些地方有大面积的板岩和高度倾斜的坡，葡萄牙某个产波特酒的地方因为土壤里石头比例过高，需要用炸药炸出个"根据地"，才能让葡萄藤有立足之地。

艰苦的生存环境同时还能激励葡萄藤不停地往更深的土层里扎根，去寻找养分，而这种根部更深的葡萄藤也更能抵御恶劣条件的冲击。事实上，葡萄藤本来就是"深根植物"，如果土壤深度足够，根扎到地表下六七米都不是问题。

当然，栽培葡萄藤的土壤不是越贫瘠越好——葡萄藤就像人一样，该穷养的时候得穷养，该长身体的时候也绝不能亏待，该精心呵护的时候就得精心呵护。

　　至于多少算是低产？不同的产区和品种的标准是非常不一样的。就像我一开始说的，低产本身不是目的，通过低产提高葡萄的质量才是最终追求。

　　提到"慢熟"，我先问一个咱们中国人都熟悉的问题：你觉得东北大米好吃，还是江南大米好吃？

　　相信大部分人会说，东北大米好吃——当然那些从小吃惯了江南大米的人除外。这是因为东北大米一年一熟，而江南大米一年两熟，这就意味着江南大米积累风味的时间要比东北大米短。葡萄也是这样，只有天气"慢热"，成熟期才能更缓慢，才能有更长的风味积累期，同时也能更好地保持酸度，达到完美成熟。

　　所以，成熟得比较早的品种更适宜种植在冷凉产区，放缓成熟的过程，从而发展出更丰富和精致的风味；而成熟得比较晚的品种可以种在更热的产区，因为它们本就难熟，需要额外的热量和光照。

那如果某个葡萄品种是晚熟型的，而它又不在非常热的地方呢？这时候，葡萄能否成熟就是最重要的质量指标了，比如在大家耳熟能详的波尔多产区种植得比较多的赤霞珠。低质量的波尔多酒一闻全是生青味，因为赤霞珠在波尔多这个地方真的难以成熟，而一旦熟了，一般也是"慢熟"，味道非常棒。

再举个美国加州的例子。你看到的下方这张图，有绿色、黄色和黑色三种颜色，沿海的绿色区域是加州最冷的地方，因为受到来自太平洋的加利福尼亚寒流的影响。越往内陆越热，黑色区域是最热的。

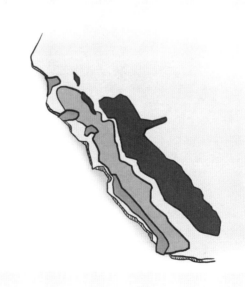

太平洋

这三个地方，哪个生产更多的加州精品酒，而不是量产酒？在没有学习这一课之前，也许你会想"加州历来是热气候产区，会不会葡萄就种在比较热的地方？"

　　现在你知道了，过热的地方是产不了精品酒的（除非做的是加强酒），因为过热的地方不能让葡萄慢熟。热的地方反而适合做量产酒，因为葡萄成熟得快。图中黑色的区域是加州的中央山谷，是加州量产酒的最大出产基地；黄色区域是加州的传统产区，纳帕谷就坐落在黄色区域里，生产的是典型的加州式浓郁奔放的葡萄酒；现在加州最受欢迎的葡萄产区是绿色区域，因为绿色区域气候最寒凉，能更好地放缓成熟过程。事实上，随着人们越来越追求高质量葡萄酒，以及非常明显的气候变暖现象出现，现在新世界越来越流行冷凉产区，从澳大利亚的塔斯马尼亚州到美国的俄勒冈州，再到阿根廷的尤克谷——它们比起新世界的"传统"产区更加时髦，因此受到更多的追捧。

　　在"低产"和"慢熟"之上，再要总结出更多的影响葡萄酒质量的因素就难了，因为涉及的变量实在太多。我只能给出一个笼统的思考框架——导致一支酒可以做出"地方特色"的原因有三方面：天、地、

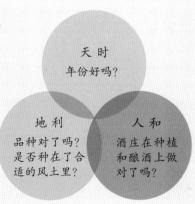

天时
年份好吗？

地利
品种对了吗？
是否种在了合
适的风土里？

人和
酒庄在种植
和酿酒上做
对了吗？

人。葡萄酒的质量也需要天时、地利、人和来保证。

所以，一个产区或一个酒庄的成功绝非偶然，也绝非易事——尤其当你设身处地去思考的时候。曾经有一个大佬让我帮他评估一下他刚买下的波尔多酒庄，当时我正好在波尔多尝期酒，就去酒庄参观了。

那是位于波尔多郊区的一个不知名的酒庄，酒的品质只能说"符合产区的起步价"。我询问了当时的酒庄负责人一些成本和管理上的问题。自己突然被放在经营者的角度去考虑这个酒庄，才意识到经营一个酒庄有多么难——不要说做成多好的酒了，能够每年不亏本就已经不易。

如果真想要让酒的质量上一个台阶，得不计成本且有破釜沉舟的魄力，而且哪怕愿意花大本钱，还得有人脉，建起一个愿意为了酒的品质而"丧心病狂"地钻研的团队。有了这样的团队，可能还需要重新翻种葡萄藤，而新藤的成长周期非常长，这样一来好几年就过去了。就算有这个耐心，还得赔上很多笑脸，把酒送到众多场合，才有机会"熬"到酒圈的慢慢认可。

总之，往前看的话，全是投入和风险，收获的机会却很渺茫。想到此处，我倒吸一口凉气，也同时滋生了对那些还在努力为自己博得一份名誉的酒庄的敬畏。希望消费者能慢慢理解其中的艰辛，理解了，就会觉得：爱上葡萄酒，真的不亏。

醉鹅娘小贴士：和质量三级标准
有关的品酒词汇

下面提到的词汇，是我收集的酒圈常用的质量评判词汇。一个个简单的词汇背后，往往会体现出一支酒大致的级别。当然，这也能为你自己品酒需要形容质量时提供参考。毕竟只说"好"和"坏"，不利于提升判断葡萄酒质量的能力。

你会发现，顶级级别的葡萄酒，对其评判的词汇也会比较高阶、"务虚"，甚至有些词汇会让你觉得：原来还能这么形容葡萄酒！是的，夸张点儿说：没有什么词是不能用来形容葡萄酒的！

入门级别

关于顺口度	关于新鲜度
顺口的（*easy-drinking*）	新鲜的（*fresh*）
果味明显的（*fruit-forward*）	有活力的（*lively*）
畅饮的（*quaffing*）	不新鲜的（*stale/tired*）
柔顺的（*supple*）	失去果味的（*losing fruit*）
简单的（*simple*）	失去酒体的（*drying out*）
质朴的（*hearty*）	无精打采的（*flat*）
乡土的（*rustic*）	松弛的（*flabby*）
壮实但粗糙的（*brawny*）	
空洞的（*vague*）	
寡淡的（*diluted/thin*）	

精品级别

关于浓郁度	关于平衡
浓郁集中的（concentrated）	平衡的（balanced）
丰富的（rich）	有延展性的（expansive）
强烈的（intense）	和谐的（harmonious）
慷慨的（generous）	骨架过硬的（hard）
过度萃取的（extractive）	缺乏骨架的（spineless）
	不平衡的（unbalanced）
	酒精感强的（alcoholic）
	笨拙不平衡的（awkward）
	蓬松的（blowsy）

顶级级别

关于结构感	关于精确度
结构感突出的 (structured)	精确的 (precise)
线性的 (linear)	有焦点的 (focused)
深邃的 (profound)	清晰的 (defined)
有骨架的 (structural/firm)	打磨过 (polished)
强劲的 (robust/sturdy)	精雕细刻的 (finely etched)
宽广的 (broad)	精巧的 (fine)
巨大的 (massive/grandiose)	细致的 (delicate)
享乐主义的 (hedonistic)	超凡的 (ethereal)
优雅的 (elegant)	微妙的 (subtle)
艰涩的 (austere)	复杂的 (complex)
	纯净的 (pure)

关于能量感	关于持久度
有张力的 (tense)	持久的 (persistent)
紧致 (tight)	长的 (long)
令人一振的 (nervy)	悠长的 (lingering)
冲劲 (kick)	不断的 (everlasting)
韧劲 (elasticity)	长寿 (longevity)
上升的 (lifted)	
镇静的 (poised)	
感官愉悦的 (sensuous)	
活跃的 (vibrant/exuberant)	
令人振奋的 (exhilarating)	

第 **6** 课

七大品种：全世界
80% 的葡萄酒和它们有关

品种，可以说是最常见的针对葡萄风格的归类了。

我们通常会用某个葡萄品种的名字来代指用这个品种酿的酒，比如霞多丽葡萄酿出的酒我们称之为霞多丽葡萄酒，或直接称霞多丽。

对品种稍微有一点概念的人，都很喜欢根据品种来点酒，例如和侍酒师要求"我点一瓶黑皮诺"，哪怕侍酒师经验和知识有限，也知道客人在说什么。

在本课中，我们来学习全世界最流行的七大品种，尽快对不同品种的不同味道有一些认识，从而尽快熟悉全世界葡萄酒爱好者通用的语言。

6.1
霞多丽

　　要说全世界最风靡的白葡萄品种，霞多丽称第二，无品种敢称第一。全世界任何一个能种葡萄的角落似乎都能找到它的身影。霞多丽酒也是很多人的购买首选。该品种的葡萄本身味道稍显寡淡，不过一旦有了酿造手段的加持，立刻就会摇身一变，展现出各式风情。从清秀佳人到肥美尤物，从平价易饮到高贵复杂，没有它驾驭不了的风格。

　　平价霞多丽即便量产，也能保持油滑的口感和成熟的白桃、甜瓜香气，酸度不高，平易近人。霞多丽是一个"化妆"后非常讨喜的葡萄品种，酿酒师可以通过复杂的酿造工艺来增添更加丰富的烤面包、香草、黄油等香气，酒香更浓，酒体更加饱满，当然也可以卖出更高的价格。世界上最昂贵的白葡萄酒，就是一款来自法国勃艮第产区的霞多丽！

风格

颜色

浅柠檬色到深柠檬色。

香气和口感

以目前流行的新世界成熟过桶风格的典型霞多丽为样本。在口感上，它属于丰满型，拥有饱满的酒体和圆润的酸度；在风味上，属于木桶型，以二级香气为主，一般陈年潜力在 5~7 年。至于果味，容易散发出桃、杏等核果类香气。非果味主要是木桶的烤香和香草味。

香气屋顶图

最下面一层表示果实香气（即一级香气）的强弱，中间一层表示酿造过程带来的香气（即二级香气）的强弱，最上面一层表示陈年带来的香气（即三级香气）的强弱。

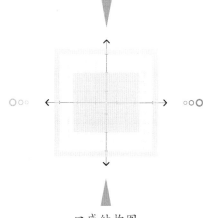

口感结构图

白葡萄品种，竖轴是酸度，横轴是酒体；红葡萄品种，竖轴正方向是酸度，负方向是单宁，横轴是酒体。

评价

适宜气候	凉爽到炎热。霞多丽是最不挑气候的葡萄品种之一，但霞多丽在冷凉气候和热气候上的表现非常不一样。冷凉产区的果味以青色水果类的青柠、青苹果为主，口感清瘦；温和产区带有更多的核果类香气，如桃、杏；温暖产区散发着热带水果香气，如菠萝、杧果等，口感肥厚圆润，酒体极为饱满，但也容易在成熟过程中较快地丢失酸度。
酒精度	中到高。酒精度与不同产区果实成熟度有关，凉爽产区的霞多丽通常不会累积较多的糖分，酒精度中等。温暖产区的霞多丽含糖量更高，酒精度也随之增高。
过桶潜力	高。霞多丽本身没有非常强的品种特征，适合用橡木桶增添风味，能与新橡木桶很好地结合。平价、工业量产的霞多丽突出清新果香，不会过桶。在勃艮第，传统的酿酒工艺会使用旧橡木桶或小比例的新桶进行发酵、熟化。新世界产区如美国加州或澳大利亚一些地区，经常会使用全新橡木桶。霞多丽经常使用苹乳发酵和酒泥接触，会带来奶油、饼干、生面团香气，新桶会带来香草、椰子、烘烤的香气。
陈年潜力	中。陈年并不是霞多丽的强项，但高质量霞多丽有不错的陈年能力，陈年后可展现出坚果、蜂蜡、燕麦等香气。
新旧世界	旧世界霞多丽有更内敛的柑橘和白桃香气，结合细致的橡木桶香，高质量酒款常见打火石味；新世界霞多丽有更奔放成熟的蜜瓜、黄桃香气，甚至会出现奶油和爆米花味。

价格区间

霞多丽的价格跨度大，价低是因为产量高，抗病性也极佳，非常好种植。中性的风格，使得它非常适合用桶，陈年潜力极佳，在细心栽培与酿造的情况下，可以做出顶级的白葡萄酒。

常见价位需要根据产区来定：

香槟：香槟是一种非常昂贵的起泡酒，基础酒款至少要 300 元，高端香槟可以轻易突破 1000 元，直至上万元。

夏布利：小夏布利和夏布利级别的酒，价格通常为 100~350元；一级田和特级田的常见价位为 500~1000 元，最贵可达四五千元；

勃艮第：大区村庄级别的常见价位为 100~350 元，而伯恩丘的名村一级田和特级田的价位很难概括，主要看生产商，价格从三位数到六位数不等；

澳大利亚：常见酒款价格为 80~300 元；

美国加利福尼亚州：常见款价格为 150~400 元，膜拜酒（产量极少的精品葡萄酒）价格为 1000~3000 元。

知名产区和经典酒庄推荐

总体来说，霞多丽是一个容易种植并且高产的品种，它非常"坚强"，能够很好地适应各种风土，既能种植在香槟这样的冷凉性气候区，也能种植在加州中央山谷那样炎热的环境里，这样低投入、低风险、高回报的品种，让种植者们蜂拥而至。

法国勃艮第（Bourgogne）

在勃艮第，霞多丽在风土复杂性和价格上都达到了巅峰，尽情演绎咸鲜的特性。

酒庄推荐：勒弗莱酒庄（Domaine Leflaive）、拉芳酒庄（Domaine des Comtes Lafon）。

澳大利亚雅拉谷（Australia Yarra Valley）

如果你需要中等质量、中等价格的霞多丽，那么澳大利亚生产的酒是较为靠谱的选择。雅拉谷是澳大利亚的凉爽产区，属于澳大利亚霞多丽中的"小清新"产品。

酒庄推荐：吉宫酒庄（Giaconda）、露纹酒庄（Leeuwin）。

美国加州纳帕谷（Napa Valley）

很多人批评"橡木桶过重"的风格时，都会以加州霞多丽为例，但有的时候，喝一口肥美浓厚的加州霞多丽正是目的所在！

酒庄推荐：蒙特莱娜酒庄（Chateau Montelena）。

土豪酒款推荐

勒弗莱酒庄蒙哈榭特级园干白（Domaine Leflaive Montrachet Grand Cru），勃艮第；

罗曼尼康帝酒庄蒙哈榭特级园干白（Domaine de la Romanée-Conti Montrachet Grand Cru），勃艮第；

奥维那酒庄骑士蒙哈榭特级园干白（Domaine d'Auvenay Chevalier-Montrachet Grand Cru），勃艮第；

科奇酒庄高登查理曼特级园干白（Domaine Coche-Dury Corton-Charlemagne Grand Cru），勃艮第；

乐桦酒庄高登查理曼特级园干白（Domaine Leroy Corton-Charlemagne Grand Cru），勃艮第。

6.2
长相思

长相思（Sauvignon Blanc）原生于法国卢瓦尔河谷。"Sauvignon"一词来源于法语的"sauvage"，意为"野性"，一方面形容它长势旺盛，产量高；另一方面形容它香气奔放，带有浓郁的植物香气和果香。不喜欢长相思的饮酒者通常会以"刺鼻"来形容这个品种酿出来的酒。的确，作为芳香品种，它浓烈的芳香往往会向传说中的猫尿味和生豌豆味这样的方向"跑偏"。

长相思通常带着奔放的百香果、鹅莓等果香，青草、芦笋这样的植物气息也非常明显。尖瘦的酒体配上超高的酸度，在吞下去的那一刻会酸爽得让人头皮发紧，好似伴随着疼痛的快感。虽说长相思在恰当的风土和酿造手法下也能被驯化得深邃沉稳，可这股子鲜明的"混不吝"带来的辨识度，才是30多年前让它从一个法国本土品种变成国际"流量"品种的关键！

风格

颜色

浅柠檬色到柠檬色。

香气和口感

以目前非常流行的新世界清新风格的典型长相思为样本。在口感上，它属于酸爽型，拥有锐利的酸度和轻盈的酒体；风味上，属于果味加草本型，以一级香气为主，需要在年轻时饮用。容易散发出热带水果，尤其是百香果的香气。非果味上，青草、芦笋等植物气息非常明显。

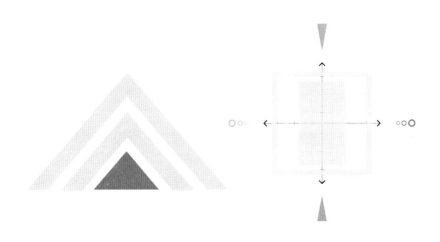

评论

适宜气候	凉爽到温和。一般都会伴有百香果、青柠等奔放的高酸水果香气。在成熟度不足时容易出现青草、芦笋等气息。长相思起源于气候凉爽的法国卢瓦尔河谷,在温暖的产区容易酸度过低,香气上出现"水果罐头感"。
酒精度	中。通常长相思的生青味是很多酿酒者极力避免的,为了达到一定的成熟度,累积适量糖分的长相思在发酵至干型后,一般是中等酒精度。
过桶潜力	低。长相思原始的百香果和草本植物香气并不适合与橡木桶味搭配,只有在稍热的产区(比如波尔多和加州),才有新橡木桶陈酿的版本。过桶和不过桶的长相思喝上去差异很大,通常过桶版本的长相思酒体和酸度都要柔和圆润很多。
陈年潜力	低。果香为主的长相思通常都适合"及时行乐",但经过橡木桶陈酿的优质版本有更强的陈年潜力,可以产生复杂的坚果、矿物质、燧石等气息。
新旧世界	旧世界长相思以青草、荨麻、芦笋这些草本香气为主,但新世界的版本经常是热情的百香果味占上风,不过新旧世界的过桶长相思风格非常相近。

价格区间

市面上最常见的长相思通常来自新西兰,作为一个生产的葡萄酒中规中矩的国家,新西兰长相思的价格浮动区间较小,通常为

200~400 元。而低价位长相思中的性价比之选（如卢瓦尔河或波尔多南部的加斯科涅产区的奥克餐酒级别的酒），价格通常为 60~80元。高价位酒款多见于卢瓦尔河的桑塞尔和普伊富美产区，尤其是这里的"燧石"，曾一度被认为是最名贵的长相思，约为 1500元。当然，高档酒款不能代表全部，这些产区的常见酒款价格还是 200~300 元。长相思虽然是波尔多的经典品种之一，但在波尔多的核心区域很少以单一品种的形式出现，因此，天价贵腐或是经典波尔多干白的价格不太具有参考价值。

知名产区和经典酒庄推荐

法国桑塞尔（Sancerre）

以酸度高、酒体尖瘦的长相思闻名，有火药和燧石的明显香气。

酒庄推荐：弗朗索瓦科塔酒庄（François Cotat）、茉莉雯酒庄（Pascal Jolivet）。

法国波尔多（Bordeaux）

这个产区长相思不是主角，但举足轻重。该产区常见的波尔多白葡萄酒也许会使用 100% 的长相思酿造，但更多是以长相思加上赛美蓉混酿。

酒庄推荐：史密斯拉菲特酒庄（Château Smith Haut Lafitte）、

拉图马蒂亚克酒庄（Château Latour-Martillac）。

新西兰马尔堡（Marlborough）

这是最让人流口水的长相思，充满了青柠皮加上番茄叶与青椒的香气。

酒庄推荐：鹦鹉螺酒庄（Nautilus）、灰瓦岩酒庄（Greywacke）。

土豪酒款推荐

啸鹰酒庄长相思干白（Screaming Eagle Sauvignon Blanc），纳帕谷；

迪迪耶达格诺酒庄小行星干白（Didier Dagueneau Pouilly-Fumé Astéroide），卢瓦尔河；

玛歌白亭干白（Pavillon Blanc du Château Margaux），波尔多；

爱德蒙酒庄尼奥尔园干白（Edmond Vatan Sancerre Clos la Néore），卢瓦尔河；

德纳酒庄赫尔希园长相思干白（Dana Estates Hershey Vineyard Sauvignon Blanc），纳帕谷。

6.3
雷司令

　　几乎可以说，雷司令这个品种是所有酒评家的专宠。很多葡萄酒爱好者都声称雷司令是最高贵的白葡萄品种，因为它不仅陈年潜力惊人，还有非常精确的风土表达能力。不只是气候的冷热，就连不同土壤里不同的矿物构成，都能够在雷司令的香气和口感上留下印记。雷司令在风味上属于果味加矿石型，年轻时经常有芬芳又空灵的小白花、梨和柑橘系香气，很多雷司令都有鲜明的石板味、汽油味——广义上可以归为"矿石类"。

　　雷司令即使非常成熟，也能保持很高的酸度，所以特别适合做成甜酒，从微甜到极甜都很常见。喝雷司令时一定要问清楚是干型的还是甜型的，两者的风格迥然不同。甜型雷司令的代表产地是德国，德国的雷司令往往芳香四溢、口感奢华。法国阿尔萨斯地区和澳大利亚则以酸度紧致、酒体强劲的干型雷司令闻名。

风格

颜色

浅柠檬色到中金色。

香气和口感

作为样本的这款典型雷司令，是目前非常流行的澳大利亚干型白葡萄酒。口感上，它属于酸爽型，拥有高挑紧致的酸度和扎实的酒体；风味上，属于果味加矿石型，以一级香气为主，但也有 10 年以上的陈年潜力。果味特别容易出柑橘系香气。非果味上，澳大利亚的很多干型雷司令（哪怕是新年份），也会有比较鲜明的"汽油味"，所以在广义上我们把它归为"矿石型"。

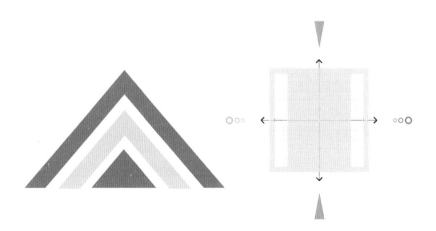

评论

适宜气候	凉爽到温和。雷司令最大的特点就是能够保持坚挺的酸度，即使在稍暖的产区。所以雷司令经常被晚采收，做成各种甜酒，如晚收酒、贵腐酒或冰酒。
酒精度	中。德国干型雷司令酒精度通常偏低，法国与新世界的雷司令酒精度中等。
过桶潜力	低。雷司令非常不适合用新桶。同时拥有强烈的一级香气和二级香气（桶味），往往会互抢风头，因此雷司令通常使用旧桶和大桶。优质的干型雷司令的一级香气既浓郁又复杂，通常以柑橘类的水果香气为主导，伴随着更为复杂的小白花与矿物质香气。
陈年潜力	高。雷司令是最能陈年的白葡萄品种，不仅甜酒有数十年的潜力，就连平价雷司令也相当坚挺。陈年后的雷司令香气极其丰富，汽油和矿物气息最为突出，还伴随着蜂巢和烟熏香气。
新旧世界	旧世界雷司令多种植在凉爽产区，有更多优雅芬芳的花香和石板味；新世界雷司令通常更加硬朗，少见细腻的花香，反倒常在年轻时就有汽油味。

价格区间

雷司令是一个可以贵破天际，也可以平价到尘埃里的品种。世界上最贵的白葡萄酒是德国的雷司令逐粒枯葡精选甜白（TBA），这是一种贵腐酒，价格超过勃艮第名庄勒弗莱和罗曼尼康帝。但新世界各种便宜的"小甜水"也可以是雷司令，几十元也能买到。普遍说来，市面上最常见的澳大利亚雷司令价格为 100~200 元，奥地利雷司令的常见价格为 200~800 元，阿尔萨斯的雷司令价格为 150~300 元，阿尔萨斯的特级园价格为 500~1500 元。而最难概括的德国雷司令，便宜的能几十元就能买到，贵的如 TBA 这些罕见酒款，哪怕出价六位数都不--定能买得到。

知名产区和经典酒庄推荐

雷司令在旧世界有两种鲜明的风格：在德国以半甜型的轻盈风格闻名于世，而法国阿尔萨斯则是更为饱满强劲的干型。奥地利雷司令的风格更接近于阿尔萨斯。虽然雷司令这一无数人心目中最为完美的葡萄品种在新世界种植广泛，但也只有在澳大利亚得以开山立派。

德国摩泽尔（Mosel）

作为德国雷司令产区版图中最寒冷的地区，摩泽尔生产的雷司令在德国是最"仙儿"的，拥有轻盈空灵的酒体，酸度明亮高昂，与适当的甜度完美平衡，并带着柠檬、小白花和矿物气息。

酒庄推荐：露森酒庄（Dr. Loosen）、马克斯莫利托酒庄（Markus

Molitor)。

法国阿尔萨斯（Alsace）

与德国雷司令轻酒体、有残糖的风格不同，阿尔萨斯雷司令以干型为主，具有更饱满的酒体和更高的酒精度（12.5 度以上）。

酒庄推荐：婷芭克世家酒庄（Trimbach）、温巴赫酒庄（Weinbach）。

澳大利亚克莱尔谷（Clare Valley）

澳大利亚是新世界最早创造出独特雷司令风格的国家。以干型为主，有浓郁的柑橘和青柠风味，酸度极高，并常常在年轻时就发展出汽油味。

酒庄推荐：格罗塞特酒庄（Grosset）。

土豪酒款推荐

伊贡穆勒酒庄沙兹堡雷司令逐粒枯葡精选甜白（Egon Müller Scharzhofberger Riesling Trockenbeerenauslese），摩泽尔；

普朗酒庄温勒内日晷园雷司令逐粒枯葡精选甜白（Joh. Jos. Prüm Wehlener Sonnenuhr Riesling Trockenbeerenauslese），摩

泽尔;

马克斯莫利托酒庄温勒内日晷园雷司令逐粒枯葡精选甜白（Markus Molitor Wehlener Sonnenuhr Riesling Trockenbeerenauslese），摩泽尔;

海格酒庄朱弗日晷园雷司令逐粒枯葡精选甜白金帽（Fritz Haag Brauneberger Juffer Sonnenuhr Riesling Trockenbeerenauslese Goldkapsel），摩泽尔;

艾伯巴赫修道院酒庄斯坦伯格逐粒枯葡精选甜白（Staatsweingut Kloster Eberbach Erbacher Steinberger Riesling Trockenbeerenauslese），莱茵高。

6.4
黑皮诺

黑皮诺真是一个很"作"的品种，而且往往能把自己给"作"死。它颗粒小、皮薄、易变种、抗病性差……基本上酿酒葡萄的所有坏脾气它都具备了。但"爱哭的孩子有糖吃"这句话用来形容黑皮诺真是再合适不过。它并不是种植面积最大的红葡萄品种，却赢在了平均身价这件事上。黑皮诺的"小仙女"脾气极大地激发了酿酒师的斗志，使得在世界十大最贵红葡萄酒的榜单上，黑皮诺稳坐其中九席。而且它看似轻柔娇弱，却有着超长的"待机时间"，顶级酒款陈年潜力动辄几十年起。可以说，黑皮诺真正站在红葡萄酒世界的顶端。

黑皮诺不仅让人喝不起，还让人喝不懂。在它的老家法国勃艮第，最细致的地块划分让黑皮诺成了"风土"最经典的诠释者。勃艮第根据土质、坡度、朝向等因素，把葡萄园划分成一个个细致的地块，而黑皮诺的滋味也在不同的地块中变幻莫测，有的单宁强劲，有的细腻优雅，有的拥有花香和黑色果香，还有的以咸鲜风味为主。但大体来看，黑皮诺是红酒中的优雅型，酸度明显、酒体轻盈、单宁柔和、香气芬芳，怪不得这样的"小仙女"即使脾气"作"一点，也是人见人爱。

风格

颜色

浅宝石红到砖红色。

因为单宁含量较少，年轻的黑皮诺通常是浅宝石红色。但黑皮诺更容易因为氧化而较快地转变为带有棕色调的砖红色。

香气和口感

作为样本的这款典型黑皮诺，是目前非常流行的新西兰风格。口感上，属于高雅型或者柔和型，拥有明显的酸度、非常柔和的单宁、轻盈的酒体，是红葡萄酒里单宁最柔和的品种之一；风味上，属于花香型，以一级香气为主，陈年潜力一般在 5~7 年。果味容易散发出红色水果，尤其是樱桃香气。非果味上会伴随着玫瑰香气，再加上些许森林地表和丁香味道。

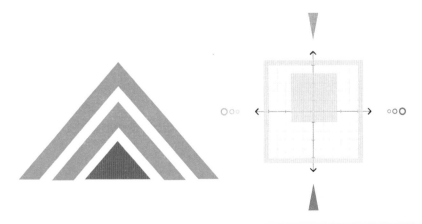

评论

适宜气候	冷凉气候。只有在偏冷的地方才能种出酸度、甜度和风味均衡的黑皮诺。一旦气候偏热，收获的就只能是一瓶酸度和风味尽失的简单红色果酱了。黑皮诺酒体轻盈，呈现的风味是樱桃、覆盆子、草莓等红色果香和玫瑰花香，有时哪怕是年轻的黑皮诺，也能带有些许泥土和肉类的咸鲜香气。
酒精度	中到中等偏低。为了保持早熟品种的酸度，防止风味丢失，种植者不会预留较长的生长周期让它累积糖分。
过桶潜力	低。黑皮诺香气优雅，酒体轻，单宁少，所以不太"吃桶"，只有风味更浓缩、单宁更强的黑皮诺才能抗衡橡木桶的风味。
陈年潜力	中。黑皮诺单宁不高，所以在陈年潜力上并不占优势，但因为黑皮诺有极高的质量潜力，所以顶级酒庄的黑皮诺也是极能陈年的。由于黑皮诺一级香气里本来有咸鲜风味，陈年后的黑皮诺，蘑菇、雪松、矿物质、皮革等气息会非常明显。
新旧世界	旧世界黑皮诺，果香上往往是覆盆子和酸樱桃味；新世界黑皮诺则以更甜美的草莓和蔓越莓味为主。

价格区间

有多少葡萄品种酿的酒在价格上能打败"82 年的拉菲"呢？不过，拉菲所在的波尔多产区，其所用的葡萄品种在高产低质量时，会酿出大量廉价酒款，但黑皮诺因为有着高昂的种植和维护成本，即使在质量较低的情况下，也不会有什么平易近人的价格可供人选择。当一支标注黑皮诺的酒的价格低于百元，你应该考虑一个问题：酒里面黑皮诺占了多少比例？

单一品种的黑皮诺，如果来自那些气候并不适合种植黑皮诺的偏炎热产区，或是基础的勃艮第大区级别，酒的价格最低能到 150元。而在出产的所有酒款的价位都较稳定的新西兰，常见酒款价格通常在 300~600 元。这个价格区间内的美国加州黑皮诺也很常见，但如果是来自更凉爽的经典产区（如俄罗斯河谷或美国加州索诺玛海岸），黑皮诺价格多会在 1500~2000 元。至于勃艮第，没有那么受追捧的村级还能给出大几百的良心价格，而那些常在"热搜榜"上的村级，它们的一级园与特级园黑皮诺从几千到几十万元都是很常见的，并且这类酒还不是有钱就能买到的。

知名产区和经典酒庄推荐

法国勃艮第

这是黑皮诺的权威产区，细致的地块划分带来了经典的风土诠释。

酒庄推荐：法维莱酒庄（Faiveley）、路易亚都酒庄（Louis Jadot）。

新西兰马丁堡（Martinborough）和中奥塔哥（Central Otago）

这两个新世界产区的黑皮诺果香浓郁，拥有凉爽气候的新西兰与黑皮诺相得益彰，其中分别位于南北两岛最南端的中奥塔哥和马丁堡，出产的黑皮诺享有最高的声誉。

酒庄推荐：新天地酒庄（Ata Rangi）、飞腾酒庄（Felton Road）。

美国加州圣巴巴拉县（Santa Barbara）

加州也是有冷凉产区的，当我们想到加州时，不由得怀疑这个产区的炎热气候是否适合黑皮诺的种植。但事实上，在加州一些拥有较低气温的子产区，能做出以圆润和复杂度出名的黑皮诺，黑莓香气如香水般浓郁。

酒庄推荐：洛林酒庄（Loring）、奥邦酒庄（Au Bon Climat）。

土豪酒款推荐

乐桦酒庄慕西尼特级园干红（Domaine Leroy Musigny Grand Cru），勃艮第；

罗曼尼康帝酒庄罗曼尼康帝特级园干红（Domaine de la Romanée-Conti Romanée-Conti Grand Cru），勃艮第；

卢米酒庄慕西尼特级园干红（Domaine G. Roumier Musigny Grand Cru），勃艮第；

奥维那酒庄玛兹香贝丹特级园干红（Domaine d'Auvenay Mazis-Chambertin Grand Cru），勃艮第；

里贝伯爵酒庄罗曼尼特级园干红（Domaine Comte Liger-Belair La Romanée Grand Cru），勃艮第。

6.5
赤霞珠

赤霞珠是全世界种植最广泛的葡萄品种之一，而且流行度还在直线攀升。赤霞珠和它的波尔多好兄弟梅洛一起，几乎成功挤入世界上每一个产区，在有些地方还"鸠占鹊巢"，让当地的本土品种都混不下去了……它不仅在哪里都可以栽培，而且酿成的酒和什么食物都能搭配，什么价位都能卖出去。赤霞珠还有着坚持自我的个性：不像黑皮诺或西拉那样能够"展现风土"，赤霞珠是一个更坚持品种特性的家伙——盲品时"一喝就是赤霞珠"完全不是神话。

赤霞珠有着典型的"三高"风格：高酸、高单宁、重酒体。果香上以黑加仑为代表的黑色水果为主，不过生青味才是赤霞珠味道上最大的特点，不成熟的赤霞珠会有特别明显的青椒味。如果你想了解这种味道，买一瓶智利的赤霞珠就可以了。即使是非常成熟的赤霞珠，它那种有点像黑加仑叶、有点像薄荷，又有点像松树的草本味道，往往可以让葡萄酒爱好者一鼻子就辨认出来。相比之下，美国加州的赤霞珠是生青味最弱的，风味偏甜美，而澳大利亚的酒款经常会有特别明显的薄荷味。

风格

颜色

深宝石红色。

香气和口感

作为样本的这款典型赤霞珠，来自目前非常流行的澳大利亚库纳瓦拉产区。口感上，属于力量型，是高酸、高单宁、重酒体的"三高"风格；风味上，属于果味加草本型，三级香气都非常充沛。果味容易呈现黑色水果，尤其是传说中的黑醋栗味。如果不知道黑醋栗是什么味道，没关系，就把它想象成某种黑色浆果的味道就可以了。非果味上，如果是不成熟的赤霞珠，会有明显的青椒味；但如果是一款成熟的库纳瓦拉赤霞珠，会有特有的薄荷和桉树叶味，再配上一些烟草和松木味，拥有满满的"草本"味道。

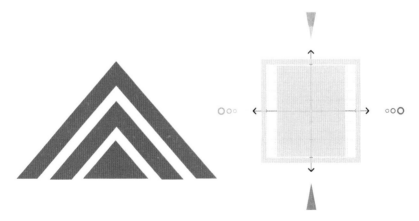

评论

适宜气候	温暖气候。赤霞珠是一个晚熟的品种，需要温暖的气候才能有足够的成熟度和复杂的风味。一旦不成熟，很容易出生青味或者青椒味，而且哪怕是足够成熟的赤霞珠，也经常会有些许草本气息。果味上赤霞珠是典型的黑色水果香气：黑醋栗、黑莓、黑李子。
酒精度	通常为高，而且酒精度和产区冷热的关联性非常高。
过桶潜力	高。赤霞珠葡萄酒香气浓郁，单宁结实，非常适合在橡木桶中陈年，既增加风味，又柔化单宁。基本上高品质赤霞珠都有极强的桶香特质。
陈年潜力	高。赤霞珠的高酸高单宁赋予其优秀的抗氧化能力，经得住长时间陈年。浓郁的香气也足够支撑陈年的发展变化。陈年后赤霞珠会发展出雪松、烟草、铅笔芯这一类"木香型陈味"。
新旧世界	旧世界赤霞珠很少见单一品种，需要陈年时间久，香气常有更优雅的黑加仑和雪松味；新世界常见由100%的赤霞珠酿造的酒款，有较多甜美多汁的黑李子、黑莓等果香，年轻时更易饮。

价格区间

赤霞珠的种植面积实在太广泛，从低到高的各个价位都有，几乎没有"断层"，在中国、南非、澳大利亚及南美洲一些国家，两

202

位数也能买到。美国加州的赤霞珠普遍价位偏高，普遍超过百元，精品酒款价格为 300~500 元。

赤霞珠作为葡萄酒世界中的霸主，频出高端酒款，并且这个品种的杰出酒款都具有超凡的陈年能力，波尔多顶级酒庄或者加州膜拜酒庄，赤霞珠的价格可以在五位数以上。

知名产区和经典酒庄推荐

法国波尔多左岸（Bordeaux Left Bank）

酒庄推荐：拉图酒庄（Château Latour）、巴顿酒庄（Château Léoville-Barton）。

澳大利亚库纳瓦拉（Coonawarra）

酒庄推荐：酝思酒庄（Wynns）。

美国加州纳帕谷

酒庄推荐：蒙大菲酒庄（Robert Mondavi）、施拉德酒庄（Schrader Cellars）。

土豪酒款推荐（单一品种赤霞珠或大比例赤霞珠）

啸鹰酒庄赤霞珠干红（Screaming Eagle Cabernet Sauvignon），纳帕谷；

真理酒庄干红（Vérité Red），纳帕谷；

哈兰酒庄干红（Harlan Estate），纳帕谷；

拉菲罗斯柴尔德酒庄干红（Château Lafite Rothschild），波尔多；

塔斯克赤霞珠干红（Tusk Estate Cabernet Sauvignon），波尔多。

6.6
梅 洛

梅洛，中等单宁、中等酸度、中等酒体，无数人在享受着它的柔顺口感、充沛果味的同时，也抱怨它毫无性格、绵软无力、平淡无奇。在它的老家波尔多，梅洛常年充当赤霞珠的陪衬，虽然在种植量和混酿比例上都占绝对优势，却只能无奈地望着人们吹捧赤霞珠的筋骨和陈年潜力。但当你给予它足够的关注和重视时，梅洛也可以酿出伟大、名贵的酒款。当中庸之道被运用到极致，就会变成持久的力量。

梅洛易于种植、产量大，它水果炸弹一般的风味和丰腴的口感在年轻时就极具诱惑力，非常易于品赏，因此在世界各大葡萄酒产区都能找到它的身影。在赤霞珠和梅洛组成的传统波尔多混酿中，赤霞珠负责搭建骨架，而梅洛是里面的"肉"，起到增加酒体和圆润度的作用。

风格

颜色

宝石红色到石榴红色。

香气和口感

以一款平价的表现极好的典型梅洛为样本。口感上，属于柔和型，酒体、酸度、单宁都是中等，没有哪一个是特别明显的；风味上，属于果味型，梅洛没有太强的品种特征，一般也不会用重橡木桶，需要年轻时饮用。果味容易呈现红色水果，尤其是李子味。非果味的香气不是很容易辨识，除非是由木桶加持的梅洛。

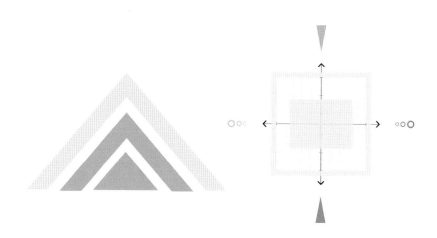

评论

适宜气候	温和气候。梅洛成熟并不需要赤霞珠那么多热量，热量多反倒容易过熟，使得酒精度太高，酸度太低。即便在温和气候下，梅洛的酸度也只有中等。梅洛以红色浆果香气为主：覆盆子、红樱桃、红李子，在较热产区也会展现出一些蓝莓、黑莓、果酱和水果蛋糕香气。
酒精度	中到高。温和气候下的梅洛酒精度普遍为中等，较热产区酒精度会更高。
过桶潜力	高。梅洛甜美浓郁的风味很适合结合橡木桶味，往往会产生非常讨喜的丁香味。
陈年潜力	中等。梅洛的单宁和酸度一般都不高，更适合在年轻时饮用，只有混酿和顶级梅洛才适合陈年。陈年后的梅洛会像巧克力一般圆润，可可和咖啡味也经常出现。
新旧世界	旧世界很少有单一品种梅洛，且梅洛整体而言没有很强的风土表现力，一般用来和赤霞珠、品丽珠等混酿，常有红李子、红樱桃香气；新世界单一品种梅洛非常常见，香气上一般是甜美的草莓，甚至是果酱香气。

价格区间

在葡萄酒市场的各个价位区间，都可以找到梅洛葡萄酒，但绝大多数集中在平价区间。法国大区级波尔多价格普遍为 50~120 元，圣埃美隆原产地保护产区（AOC）和其卫星产区的酒款则为 80~150

元。而南法奥克餐酒和新世界各国的亲民款梅洛不会超过 100 元。

在中高档价位区间内，梅多克中级庄价格在 90~300 元不等，波美侯 AOC 起点较高，可以卖到 150~500 元，圣埃美隆列级庄中非 A/B 组的酒庄，其梅洛价格为 200~500 元，美国加州、澳大利亚的精品梅洛也在此区间内。

对于顶级酒款来说，圣埃美隆列级庄 A/B 组、车库酒庄和波美侯顶级酒庄出产的梅洛，价格普遍在 500~2000 元不等，最贵的酒款可以卖到万元以上。在美国加州、澳大利亚、新西兰，最好的梅洛价格一般为 500~1000 元。

知名产区和经典酒庄推荐

梅洛易种植、易品赏，因此在世界各大葡萄酒产区都能找到它的身影。在传统的波尔多混酿中，梅洛起到增加酒体和圆润度的作用，赤霞珠则负责搭建结构。而作为单一品种酒时，它总以两种截然相反的面目示人：要么简单而雷同，要么极致奢华。

法国波尔多右岸（Bordeaux Right Bank）

梅洛才是波尔多真正的顶梁柱！梅洛是波尔多乃至整个法国种植量最高的葡萄品种。20 世纪 90 年代，当赤霞珠在人前风光无两时，梅洛早已"暗度陈仓"，占据了波尔多葡萄酒大军梯队的两端：

成为最亲民和最昂贵酒款中的绝对霸主。梅洛的胜地在波尔多右岸的圣埃美隆和波美侯，种植量分别占到 60% 和 80% 以上，在这两个产区，梅洛通常会和品丽珠混酿。梅洛在这两个产区的精品酒庄手中绽放出颠覆性的魅力：年轻时可能会像左岸列级庄的酒一样紧涩不开放，但随着时间推移，会变得丰腴圆润、果香充沛，极具诱惑力，并拥有不输顶级赤霞珠的陈年潜力。在波美侯，富含铁元素的黏土底土赋予梅洛坚实的结构，波尔多最贵的酒款柏图斯和里鹏，均使用 100% 梅洛酿造。

- 推荐酒庄：拉图波美侯酒庄（Château Latour à Pomerol）、克里奈酒庄（Château Clinet）。

美国加州纳帕谷

梅洛水果炸弹般的风味和圆润的口感，在加州一度赢得了极高的人气。在 20 世纪 90 年代，美国人认为梅洛不仅能够彰显品位，而且毫无赤霞珠的酸涩感，简直就是红酒版的霞多丽。在波尔多挣扎着成熟的梅洛，在加州一不小心就容易过熟，带有果酱风味和高酒精度，甜得千篇一律，毫无辨识度。这一特点在 2004 年的大热电影《杯酒人生》中被诟病，梅洛的种植量也开始收缩。

推荐酒庄：杜克霍恩酒庄（Duckhorn Vineyards）。

土豪酒款推荐

柏图斯酒庄（Pétrus），波美侯；

里鹏酒庄（Le Pin），波美侯；

马赛托（Masseto），托斯卡纳；

卡布桑迪里园罗伯特珍藏干红（Kapcsandy Family Winery State Lane Vineyard Roberta's Reserve），纳帕谷；

米亚尼酒庄菲利普梅洛干红（Miani Flip），弗留利。

6.7
西 拉

　　只要是本正经的葡萄酒教材，都会列出西拉的两个名字：Syrah 和 Shiraz，因为它属于葡萄品种中有明显"葡"格分裂的品种。可以浓郁，也可以淡雅；可以果味奔放到让你怀疑酒里有残糖，也可以咸鲜到让你怀疑酒里放了橄榄。它可以强壮，也可以柔软；能做主角，也甘当配角。可以担得起顶级酒的品质和价位，但如果做成平价畅饮酒，竟也那么好喝。在不同的环境里展现出不同的特质是西拉的强项，也是它最迷人的地方。

　　西拉的本名是"Syrah"，来自家乡法国的北罗纳河谷，但它在 19 世纪时远渡重洋，在澳大利亚扎下了根，得到了新名字"Shiraz"。Syrah 和 Shiraz 不仅名字不同，也是如今两种主要风格的区分。名为 Syrah 的酒款偏向旧世界的咸鲜风格，而名为 Shiraz 的酒款大多走新世界的甜美浓郁风格。总体来说，西拉酒体丰满，酸度和单宁都没有典型赤霞珠那么强。果味没有赤霞珠那么厚重，而是有些偏芬芳的紫色花果（比如紫罗兰和蓝莓）味道。浓浓的香料味也是西拉的特点，比如黑胡椒、丁香、肉豆蔻，等等。

风格

颜色

深宝石红到深紫色。

香气和口感

作为样本的这款西拉，是目前非常流行的新世界风格极其强烈的 Shiraz。口感上属于丰满型，酒体丰满，但酸度和单宁都没有典型赤霞珠那么强；风味上属于香料型，以一级香气为主，但酒庄在用桶上也不会吝啬，一般有 5~7 年的陈年潜力。果味容易呈现黑色水果味，但没有赤霞珠那么"黑"，可能也会有些"紫"，甚至有些"果酱"味；非果味上有浓浓的甜香料味。比如香草、丁香、肉桂。

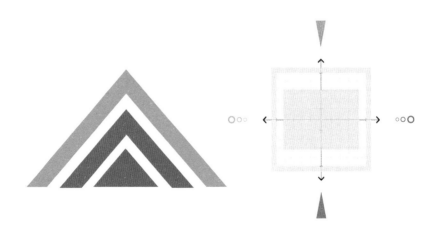

评论

适宜气候	温和到温暖气候。西拉对气候的要求相对较低，但在过热的气候条件下很难保持酸度，而且会失去精致的花香和香料香气，因此炎热气候下的西拉多用来酿造平价酒。西拉在果味上是成熟的黑色水果风格，主要呈现黑李子、桑葚、蓝莓味。只要气候不是过热，西拉就会带有标志性的黑胡椒风味，紫罗兰等花香也很常见。冷凉气候的西拉可能带有更多黑橄榄等咸鲜香气。西拉往往比赤霞珠酸度低一些。
酒精度	通常为高；而且酒精度和产区冷热的关联性非常高。
过桶潜力	高。西拉浓郁深沉的风味非常适合和橡木桶搭配，也可以起到柔化单宁的作用。不过法国北隆河产区的西拉很多使用旧橡木桶熟化。
陈年潜力	高。西拉酚类物质丰富，抗氧化性强，陈年潜力非常出色。比起赤霞珠，陈年后的西拉经常发展出皮革、肉类、野味这些气质"邪魅狂狷"的味道。
新旧世界	旧世界西拉有咸鲜的黑胡椒、紫罗兰和皮革香气，较多使用旧橡木桶；新世界西拉常见甜美的浆果香气，较多使用新橡木桶。

价格区间

西拉是价位跨度很大的品种，百元以下的西拉通常是来自澳大利亚的"量产型"西拉——澳大利亚平价酒西拉产区，每公顷产量是法国北隆河的 3~4 倍，甚至更多。

澳大利亚当然不乏更加用心的酒款，但除了个别"酒王"级别的酒款外，整体价位还是和北隆河的有差距。

澳大利亚 300 元价位的西拉已经是非常出色的酒款。而在北隆河，能称为"精品酒款"的酒一般要在 1000 元及以上。

知名产区和经典酒庄推荐

法国北罗纳河谷（Northern Rhône）

推荐酒庄：吉家乐世家酒庄（E.Guigal）、莎普蒂尔酒庄（M. Chapoutier）。

澳大利亚巴罗萨（Barossa）

实力诠释西拉"纵欲多汁"的一面，甜美得一塌糊涂。

推荐酒庄：奔富酒庄（Penfolds）、托布雷酒庄（Torbreck）。

土豪酒款推荐

路易沙夫酒庄凯瑟琳特酿干红（Domaine Jean-Louis Chave Ermitage Cuvée Cathelin），艾米塔日；

克里斯云岚酒庄三河西拉干红（Chris Ringland Dry-Grown Shiraz），巴罗萨谷；

赛奎农酒庄十一忏悔园西拉干红（Sine Qua None Eleven Confessions Vineyard Syrah），圣丽塔山；

翰斯科酒庄神恩山西拉干红（Henschke Hill of Grace Shiraz），伊顿谷；

托布雷酒庄领主西拉干红（Torbreck The Laird），巴罗萨谷。

醉鹅娘小贴士：酿酒葡萄和鲜食葡萄

我们需要知道，并不是所有葡萄都适合酿酒。我们平时吃的鲜食葡萄就不能酿出好酒，因为糖分不够，风味也不够集中。葡萄是一个大类，是葡萄属植物的统称，你可以将其理解成一个大家族。在这个大家族里，适合酿酒的只有一个分支，这个分支叫作"酿酒葡萄"，也叫"欧亚种"（*Vitis vinifera*）。而在这个分支下面，又有各种各样的品种。本课中提到的7个品种都是酿酒葡萄品种。

　　vs　　

酿酒葡萄　　　　vs　　　鲜食葡萄

葡萄品种对葡萄酒风格的影响，就像食材对菜肴的影响一样。不同品种有不同的口感和风味基因，这也是为什么了解葡萄的品种那么重要。并且，葡萄品种数不胜数——录入权威书籍《酿酒葡萄》（*Wine Grapes*）中的商业用途的品种，就多达 1368 个。但对于消费者来说，在全世界范围内最常见、最流行、最有代表性的，恐怕就是本课中介绍的这 7 个品种。

第 **7** 课

七大产区：全世界
昂贵产区和中国产区

全世界一共有多少个葡萄酒产区？我还真没见人做过统计，因为用"多如牛毛"形容绝不夸张。

面对如此众多的葡萄酒产区，我们首先应该了解哪些呢？

我认为答案"简单粗暴"——哪个产区的酒贵，就学习哪个产区。某个产区的酒贵，代表专家和市场认可那个产区。所以，我找出了酿出全世界最贵葡萄酒系列的"七剑客"产区，并且帮你科普这些产区里最贵的酒都是什么——值得注意的是，很多人心中的贵酒代表"拉菲"并不在其中。拉菲其实是酒庄，而不是产区。

除此之外，中国葡萄酒产业正在迅速发展中，不少中国酒获得过国际性的大奖。这一课就为大家简要介绍中国产区的发展现状。

7.1

波尔多

法国波尔多可以说是中国人的葡萄酒启蒙产区，是世界"头部"葡萄酒产区。这里盛产"成熟男子"类型的顶级葡萄酒——单宁雄壮、拥有超长陈年潜力，且陈年后的气息简直就像是走进了成熟男士的雪茄房一般，充斥着雪松、铅笔芯和雪茄盒的气息。讽刺的是，一些"土豪"最爱的来自波尔多产区的拉菲，其实在葡萄酒风格上一点都不"土豪"，拉菲酒庄酿造的酒，哪怕是与波尔多其他众多名庄相比，都是偏优雅含蓄的。

波尔多产区的特点

商业化程度最深的产区

波尔多和葡萄酒贸易大国英国离得特别近，所以在有上千年历史的频繁贸易中，搭建了成熟的经销商制度、期酒制度和酒庄评级体系。资本的不断涌入，让波尔多的酒庄有钱做好酒，也有钱做宣传，形成了良性循环。

干红以"左岸"和"右岸"为风格分水岭

喝波尔多干红最常提到的概念就是"左岸"和"右岸"。波尔多被吉隆河分成了左右两岸。左岸生产以赤霞珠和梅洛为主的混酿，这种混酿和酿酒风格被全世界效仿，成为大名鼎鼎的"波尔多混酿"。右岸相对左岸来说，比较本土化，生产以梅洛和品丽珠为主的混酿。虽然教科书上都会说右岸比左岸口感更柔和，但实际情况真的要根据酒庄具体分析，毕竟结构超级宏大的波尔多酒王柏图斯正是在右岸。

很多人不知道的是，波尔多其实不光生产干红，还产出世界顶级的贵腐甜酒和干白，不过"存在感"和干红没法比。

严格且简洁的分级系统

波尔多著名的"1855年列级庄评级"在评级逻辑上"简单粗暴"，不过直到今天依然行之有效。该评级体系就是根据1855年的交易价格，把一些好酒庄分成了5个级别，其中价格最高的是一级庄，价格最低的就是五级庄。这个评级体系只涵盖了左岸的部分产区，所以后来波尔多又出了其他的评级体系，但都因为不够简单易行，所以影响力远不如1855版本。虽然绝大部分被评级的酒庄依然保持着高水准，但除一级庄外，当年的分级已经无法完全反映酒庄如今的价格和质量。另外，有一些酒庄，它们生产的葡萄酒的质量已经远超当年被评级的酒庄，因此开始被称为"超二级庄"。

价格差异极大

虽然有些名产区生产的最贵的酒价格超不过波尔多产区最贵的酒，但是这些产区酒"起步价"很高，而波尔多是一个"起步价"非常低的名产区——在国内最便宜的波尔多几十元就能买到。平价波尔多可以做到很好喝，但不好喝的也特别多，所以要谨慎选购。

波尔多产区总结	
国家	法国（旧世界）
气候	温和的温带海洋性气候
过桶和陈年	精品酒款通常使用 225 升橡木桶陈酿 18～24 个月；拥有至少 10 年的陈年潜力，顶尖酒款可陈年数十年
品种	赤霞珠、梅洛为主的干红混酿；长相思、赛美容为主的甜白、干白混酿

最贵的波尔多

柏图斯酒庄位于波尔多右岸，虽然没有宏伟的城堡，却是公认的波尔多"酒王"，价格是拉菲的 4 倍之多。酒庄的葡萄园面积只有 11.5 公顷，每年只出产大约 15 000 瓶酒。柏图斯是非常少见的只用单一品种梅洛酿造的顶级酒，把本来柔和的梅洛酿出了无与伦比的力量感。柏图斯是"七剑客"产区最贵的酒款里最容易买到的，只要预算充足，在很多渠道都可以买到。

产区名庄推荐

柏图斯，当之无愧的"老大哥"。

左岸干红：拉菲酒庄（Château Lafite Rothchild）、波菲酒庄（Château Léoville-Poyferré）——性价比之选；

右岸干红：老色丹酒庄（Vieux Château Certan）、柏菲马凯酒庄（Château Pavie Macquin）——性价比之选；

贵腐甜酒：滴金酒庄（Château d'Yquem）、克里蒙酒庄（Château Climens）；

干白：侯伯王酒庄（Château Haut-Brion Blanc）、骑士酒庄（Domaine de Chevalier）。

7.2

勃艮第

　　勃艮第是世界上最贵的干型葡萄酒产区。你可能经常会听到某位爱好者这样说："我以前是喝波尔多的，但现在改喝勃艮第了。"能这么说的人，懂不懂酒不好判断，但他一定非常有钱。因为勃艮第可不是那么容易就能喝到的。波尔多价格上万的酒屈指可数，而在勃艮第，几万元一瓶的酒轻轻松松就能数出几十款来。如果说顶级波尔多是有钱的成熟男子的味道，那顶级勃艮第就是倾国倾城的大美女身上古龙水的味道和体香。喝着勃艮第，仿佛走进百花丛中，又伴随着海鲜酱一般的可口鲜美，且香气永远玄妙地变化，让人捉摸不定，再配上轻盈曼妙的酒体——不就是让人可望不可及的女神吗?!

勃艮第产区的特点

世界上最精密的土地分级体系

　　勃艮第受教会影响的历史和波尔多受贸易影响的历史一样长。在 11 世纪的时候，西多会的修道士就开始在勃艮第酿葡萄酒，随着教会越来越富有，修道士们开始追求精耕细作，从中世纪起逐渐形成了基于土地好坏（而不是酒庄）的分级体系——毕竟地都是教会的。

勃艮第产区被分为大区级、村庄级、一级园和特级园四个等级，分别占总产量的 52%、37%、10% 和 1%。特级田几乎都聚集在山腰位置，那里有最好的光照和土壤环境。勃艮第的神奇之处就在于，两块田之间可能只隔了一条小路，但葡萄风格和质量都有可能大相径庭。

黑皮诺和霞多丽的老家

勃艮第把黑皮诺和霞多丽这两个葡萄品种玩到了极致，也是这两个品种的话语权拥有者。到目前为止，全世界采用黑皮诺和霞多丽的酿酒师都会以酿出"勃艮第范儿"而自豪，甚至会拿勃艮第不同的村庄风格去做参照。如果不算上更接近香槟产区的夏布利，勃艮第的顶级产区可以被分成北边和南边——北边是主打黑皮诺的夜丘，南边是主打霞多丽的伯恩丘。

高度碎片化的土地

勃艮第恐怕是世界上最难懂的产区，原因就是它的土地高度碎片化。18 世纪的法国大革命剥夺了教会对葡萄园的所有权，葡萄园分崩离析，被卖给了不同的主人，后续《拿破仑法典》中规定的继承制又让葡萄园在传承时再度分裂。举个例子，50 公顷的特级园伏旧园就有多达 80 多个地主，最大的地主只拥有 5.5 公顷土地，而有些酒庄在一块园中只有一列葡萄藤。所以理解勃艮第，不光要知道一个酒庄的不同地块，还要知道同一地块的不同酒庄。多如繁星的地块、繁乱的家族关系、复杂的风土知识、令人眼花缭乱的酒标——要懂勃艮第，必须当一个学霸！

勃艮第产区总结	
国家	法国（旧世界）
气候	温和大陆性气候
过桶和陈年	使用小橡木桶陈年，但用新桶比例通常较低，陈酿时间从数月到 18 个月；入门级通常要在年轻时饮用，精品酒款拥有 10 年以上的陈年潜力
品种	黑皮诺、霞多丽

最贵的勃艮第

最贵的勃艮第是罗曼尼康帝（Domaine de la Romanée-Conti Romanée-Conti Grand Cru），简称康帝。这既是一个酒庄的名字，也是勃艮第沃恩·罗曼尼村一块特级园的名字，康帝酒庄出品的康帝特级园，就是全世界最昂贵的葡萄酒了。不仅贵，还几乎买不到，康帝年产量仅 5000 余瓶，酒庄按箱发布配额，每箱 12 支酒中只有 1 支康帝，一般市场价要在一瓶 15 万元以上。不过值得一提的是，乐桦酒庄的慕西尼特级园价格在 3 年内连翻两倍，曾一度超越了康帝。

产区名庄推荐

干红：勒桦酒庄（Domaine Leroy）、卢米酒庄（Domaine G. Roumier）；

干白：勒弗莱酒庄（Domaine Leflaive）、拉梦内酒庄（Domaine Ramonet）。

7.3
香 槟

假设香槟没有任何葡萄酒酿造历史，那么没有一个现代专家会建议在香槟区做酒，因为那里太冷了！香槟是法国最冷的产区，葡萄非常难成熟，而且气候极度不稳定，下冰雹是常见的事。但就在这样的风土下，竟然成就了其他产区完全无法复制的"香槟味"——生面团和烤法棍的酵母自溶气息，配上冷峻、清透的石灰岩矿石气息，有种"高风亮节"之感，喝到嘴里尽是坚韧不拔的酸度——口味上的表现和香槟艰难的天气如此呼应，简直完美诠释了什么叫"禁欲美"。和只有纵欲果味的简单起泡酒一比，香槟境界上的高度简直是"夏虫不可语冰"！

香槟产区的特点

大厂当道，小农兴起

和其他葡萄酒产区不同的是，香槟的生产是由大厂而不是小酒庄主导的——大厂占据了香槟三分之二的产量和 80% 的出口额。香槟各年份的酒差异比较大，所以大厂拥有非常丰富的多年份"储存酒"，拿去和新年份酒液进行调配，这样可以保证质量和风格平均化，也可以在葡萄收成差的年份里仍然保证香槟的产量。这也是为什么市场上超过 90% 的香槟都是不标注年份的（酒标上会标注 Non-Vintage 或 NV）。当然，也有标注年份的香槟（年份香槟）在，它们一般只在最好的年份生产，因为生产商不舍得将最出色的产品全部混入无年份香槟中。年份香槟通常价格更高，但是并不是所有的顶级香槟都是年份香槟。因为在很多人看来，将不同年份的基酒和谐而精准地调配，才是香槟真正的艺术所在。

传统上，酒农负责葡萄的种植，再把葡萄卖给大厂，但越来越多的酒农不满足于这种不稳定的契约关系，想尝试用自己种出的葡萄酿造香槟，这便是现在开始流行起来的"小农香槟"。他们往往更注重葡萄的成熟度，并且出产更多年份香槟——毕竟，他们不像大厂那样，有资本保存多个年份的储存酒。

越来越追求少糖

以前的香槟比现在要甜腻得多。著名的香槟品牌凯歌香槟在 19 世纪为了迎合当时的俄国市场，给出口的香槟加了每升 250~300 多克的糖分。

后来，香槟开始追求少糖，哪怕是当时不喜甜的英国人，也被开创了每升"只有"25 克糖的巴黎之花香槟吓到了，连连称这酒很

"残酷"，也是为什么现在差不多这个加糖量级的香槟被称为"极干"（brut）。现在的极干残糖量标准已经降到了每升 12 克以下。顶级香槟还越来越流行接近零残糖的"绝干"（extra brut/brut zero），可见人们口味的变迁。约有 97% 的香槟都是极干的，有 2.5% 的香槟是更甜的风格，只有 0.5% 的香槟标注绝干。

香槟产区总结	
国家	法国（旧世界）
气候	极端的大陆性气候
过桶和陈年	通常不过桶，可在酒庄中陈年很久
品种	黑皮诺、皮诺莫尼耶、霞多丽

最贵的香槟

和勃艮第一样，最贵香槟的名号也在两款酒中轮换，分别是以超长酒泥接触时间（不少于 25 年）著称的唐培里侬 P3 香槟，和以表达单一园极致风土著称的库克安邦内黑钻香槟。库克是奢侈品巨头路易·威登集团旗下的顶级香槟品牌，这支黑钻产自兰斯山脉南坡安邦内村一块占地仅 0.68 公顷的单一黑皮诺品种葡萄园，年产不足 5000 瓶，而且从 1995 年首个年份至今，只出产了 5 个年份。

产区名酒推荐

无年份香槟：库克无年份香槟（Krug Grande Cuvée）、查尔斯海德希克天然型香槟（Charles Heidsieck Brut Réserve）——性价比之选；

年份香槟：路易王妃水晶香槟（Louis Roederer Cristal）、泰亭哲伯爵香槟（Taittinger Comtes de Champagne）。

7.4
北罗纳河谷

如果说哪个法国产区可以被称为"无冕之王"的话，那一定是北罗纳河谷——它没有波尔多的高度市场化，没有勃艮第那么精细的土地评级，但它的顶级酒可以说结合了波尔多的浑厚和勃艮第的妖娆，陈年能力惊人，同时香气妖冶，难辨"雌雄"，有时是紫罗兰有时又是带着野味的黑胡椒，可以说将西拉这个葡萄品种雌雄同体的潜力发挥到了极致。很多葡萄酒发烧友对北罗纳河谷的感情就像很多影迷对《肖申克的救赎》的感情一样——"我们不需要来自奥斯卡的证明！"

虽然罗纳河谷现在的知名度不如波尔多和勃艮第，但在历史上它一直都是波尔多和勃艮第的"劲敌"，勃艮第公爵甚至曾用严格的法令限制了罗纳河谷的贸易，因此罗纳河谷葡萄酒的市场被限制在本地，无法成为重要的葡萄酒出口者。进入 18 世纪以后，在法国原产地法规还不明确的阶段，波尔多和勃艮第更是狡猾地把罗纳河谷的酒掺入自己的酒里，以达到提色增质的作用。到了现代，在"葡萄酒大帝"——酒评家帕克给出了无数个 100 分给北罗纳河谷的酒庄后，这个产区终于开始"翻红"。

北罗纳河谷最知名的两个特级产区是罗蒂丘和艾米塔日。罗蒂丘最出名的酒就是有着酒圈爱称"拉拉拉"的三兄弟单一园酒款——兰当园（La Landonne）、慕林园（La Mouline）和杜克园（La Turque），全部来自吉佳乐世家酒庄。在 1997 年的时候，帕克来到罗纳河谷，"拉拉拉"三款酒全部拿到了满分，一下子轰动了酒圈，也因此带动了整个产区的发展。

北罗纳河谷产区总结	
国家	法国（旧世界）
气候	温和大陆性气候
过桶和陈年	通常使用 600 升的旧橡木桶，红葡萄酒陈年潜力极强
品种	西拉、维欧尼、玛珊、胡珊

最贵的北罗纳河谷

最贵的北罗纳河谷是路易沙夫凯特琳特酿（Domaine Jean-Louis Chave Ermitage Cuvée Cathelin）。路易沙夫是法国著名产区艾米塔日的传奇酒庄，酿酒历史可以追溯到 1481 年。虽然路易沙夫的艾米塔日红酒都堪称伟大，但在最好的年份，路易沙夫还会精选酒液调配出一款凯特琳特酿。凯特琳特酿不同于艾米塔日红酒的宏大结构感，反而追求细腻的质感。从 1990 年第一个出产年份到现在，凯特琳特酿只出品了 8 个年份，每个年份有 2500 瓶左右，所以在市场上难觅踪迹。

产区名酒或名庄推荐

罗蒂丘：吉家乐世家慕林单一园（E. Guigal La Mouline）、雅美酒庄（Domaine Jamet）；

艾米塔日：路易沙夫酒庄（Jean-Louis Chave Hermitage）。

7.5

摩泽尔

　　摩泽尔并不是德国起步价或平均价最高的雷司令产区——莱茵高才是，却是德国出口量最大和名声最响的，况且德国最贵酒庄也坐落于此，因此成功跻身"七剑客"。摩泽尔给人的感觉像"仙女"——清瘦的酒体、不到 10 度的酒精度、充满芬芳的白花清香，还有不食人间烟火的矿物质感；喝到嘴里很有可能是甜的，殊不知是在凛冽的高酸支撑下才能甜得如此高级清透。这样的酸度是"仙女"的保护伞，让其不受尘世困扰；是天鹅在水面下的奋力搅动，让人只看到水面上的优雅和从容。

　　早在 1000 多年前，摩泽尔河流域修道院中的修士就发现了山坡是最适合种植葡萄的地方，他们不惜付出常人难以想象的艰辛，在陡峭的山岩上修筑了石阶，并开辟了梯田葡萄园。摩泽尔气候寒冷，葡萄园坡度经常达到 45 度以上，有些甚至达到 80 度。正是这样的坡度，让葡萄园有更多光照、更好的排水性。加上适合高品质葡萄生长的贫瘠土壤，还有坡上遍布的著名板岩提供的储热能力，让葡萄在寒冷的天气中更容易成熟。然而坡度也带来了极大的困难——要知道，在坡度超过 30 度的葡萄园中步行不是一件容易的事情，使用机械更是难度极大，这些葡萄园的作业大部分需要手工完成，也就意味着极高的种植成本。

值得注意的是，虽然干型酒如今在德国大行其道，但摩泽尔最经典和最出色的风格依然是半甜和甜型。

摩泽尔产区总结	
国家	德国（旧世界）
气候	凉爽的海洋性气候
过桶和陈年	基本不过橡木桶或使用大型旧橡木桶陈酿；陈年潜力极强
品种	雷司令

最贵的摩泽尔

最贵的摩泽尔是伊贡穆勒酒庄沙兹堡枯葡精选雷司令（Egon Müller Scharzhofberger Riesling TBA）。伊贡穆勒酒庄是德国葡萄酒的传奇，酒庄出品的枯葡精选等级贵腐甜白是全世界最昂贵的白葡萄酒之一，价格可以比肩康帝。枯葡精选等级要求葡萄被贵腐菌感染后天然皱缩到类似葡萄干的程度，不仅只能在完美的天气状况下才能酿造，产量也极低，这款极致浓缩甜美的梦幻甜酒每年仅能出产 300 瓶。

产区名庄推荐

甜型：伊贡穆勒酒庄（Egon Müller）、露森酒庄（Dr. Loosen）、马克斯莫利托酒庄（Markus Molitor）;

干型：马克斯莫利托酒庄（Markus Molitor）。

7.6
巴罗洛

　　成熟男子也是有不同类型的。如果说代表法国波尔多的老男人来自有家产要继承的老钱（old money）家庭，那么，代表意大利巴罗洛的老男人则是开天辟地的硬汉。巴罗洛，世界上最"硬"的红酒，拥有强劲到令人皱眉的单宁。也因此，顶级巴罗洛如果不放个 10 年，基本没必要喝，而且倒入酒杯后醒几个小时都没问题。而顶级巴罗洛绝不是只有力量感——也可以和勃艮第一样香气四溢，但它的香气不是轻的，而是沉的，甚至有沉香味。巴罗洛的典型香气被形容为柏油和玫瑰干花瓣，但我始终觉得这些都不足以形容它身上那股子"沉味"。走进巴罗洛的世界，不是波尔多酒那样的雪茄屋，而是一间有印泥和老家具的书房——是个能文能武的"老男人"。

　　其实早在 50 年前，巴罗洛还是一个默默无闻的小镇，贫穷且落后。以伊林·奥特（Elio Altare）为代表的一批年轻酿酒师从勃艮第引进了不锈钢发酵罐和温控设备，缩短发酵时间，用法国小橡木桶进行陈年，让曾经粗糙的巴罗洛变得精致和讨喜起来。但经过数十年的发展，坚持长时间萃取和大型橡木桶陈年的旧派巴罗洛，在大家看来似乎可以更好地诠释内比奥罗葡萄本真的复杂风味，以孔特诺酒庄为代表的旧派酒庄，如今依然是巴罗洛产区的中流砥柱。新派和旧派，哪个更好？这在巴罗洛产区一直是经久不衰的话题。

巴巴莱斯克是巴罗洛的姐妹产区，质量潜力和巴罗洛不分伯仲，但就吃亏在了名字不好记，所以知名度要差一些。值得一提的是，巴罗洛所属的地区阿尔巴，同时也是"价胜黄金"的松露的著名产地。

巴罗洛产区总结	
国家	意大利（旧世界）
气候	温和的大陆性气候
过桶和陈年	传统用中性大橡木桶长时间陈酿，新派酒庄也会使用小橡木桶；陈年潜力极长
品种	内比奥罗

最贵的巴罗洛

最贵的巴罗洛是孔特诺酒庄梦馥迪诺珍藏巴罗洛（Giacomo Conterno Monfortino Barolo Riserva）。不仅是最贵的巴罗洛，也是意大利最贵的葡萄酒，出自巴罗洛旧派大名家孔特诺酒庄之手。"梦馥迪诺"并不是单一园的名字，而是得名于酒庄所在的蒙福特村，但酿造这款酒的葡萄其实来自产区东部的塞拉伦加村。梦馥迪诺是意大利旧派的巅峰之作，要在大型旧橡木桶中陈酿7年之久。

产区名酒推荐

旧派：巴托罗马斯洛巴罗洛（Bartolo Mascarello Barolo）、绅洛酒庄乐维尼（Luciano Sandrone Le Vigne）；

新派：沃奇奥酒庄布鲁特单一园（Roberto Voerzio Brunate）。

7.7
纳帕谷

如果说波尔多是"老钱",那么纳帕谷就是打破旧有秩序的新钱(new money)。是的,纳帕谷浑身都散发着"新"的气质——新入局的各行精英用最不计成本的方式酿酒,新年份酒池肉林般的果味,100%新的木桶,还有刚开瓶第一口就被惊艳到的新鲜感。如果说波尔多是靠老牌奢侈品的逻辑定价,那么纳帕谷就是靠潮牌的逻辑定价——一些产量极小的纳帕膜拜酒,价格直追勃艮第顶尖特级园。纳帕酒就像年轻的互联网新贵,在精英教育和科学思维下,一路顺风顺水。也的确,为纳帕酒买单的相当一部分客户正是这样的新贵,毕竟价值观认同才是第一消费力。

可凭什么是纳帕谷,而不是其他的新世界产区可以赢得这样的位置?因为纳帕谷正是在40多年前与法国顶尖酒庄的盲品对决中全面胜出的选手。当年的纳帕谷不靠传承,就靠一群半路出家的人的钻研和努力,赢下了这场被后来称之为"巴黎审判"的对决。新世界因为这场"审判"获得了自信,之后葡萄酒生产在新世界的诸多国家遍地开花,葡萄酒世界的权力格局被重置,旧世界不再独揽特权。

纳帕谷最重要的品种无疑是赤霞珠。可以说纳帕谷做到了赤霞珠这一品种的极致，不仅毫无生青味，还保留了赤霞珠的坚实结构，在浓郁的同时有一种华丽的平衡感，即使是最严苛的酒评家，也不会在这里生产的顶级赤霞珠面前吝惜满分。虽说这里是全世界赤霞珠质量的标杆，但直到近些年，纳帕谷赤霞珠才超过霞多丽的种植面积，占总产量的40%。

纳帕谷产区总结	
国家	美国（新世界）
气候	温和的地中海气候
过桶和陈年	优质酒款通常使用大比例新桶进行18到24个月的陈酿，常见100%新桶；陈年潜力长，但年轻时就非常适饮
品种	赤霞珠、霞多丽、仙粉黛、梅洛、长相思、品丽珠

最贵的纳帕谷

最贵的纳帕谷是啸鹰酒庄赤霞珠（Screaming Eagle Cabernet Sauvignon）。啸鹰酒庄是美国纳帕谷膜拜酒庄的代表，酒产量小、不计酿造成本、品质极高、价格昂贵，可以说是现代酿酒工艺淋漓尽致的展现。啸鹰无疑是其中最精致、最丰满，也最具深度的一款。啸鹰并非由100%赤霞珠酿造，而是混酿小比例的梅洛和品丽珠，年产量在5000瓶左右。在啸鹰酒庄官网注册，可以加入酒庄的等候名单，但如果想拿到一箱酒，可能需要十几年的漫长等待了。

产区名酒或名庄推荐

哈兰酒庄（Harlan）、作品一号（Opus One）、多米纳斯（Dominus）。

7.8
中国葡萄酒产区概况

在盘点完世界上最著名的产区之后，可能会有人好奇：中国的葡萄酒产区现在发展如何？我可以肯定地回答：中国葡萄酒正在飞速发展中。去年，澳大利亚酒评家詹姆斯·萨克林（James Suckling）曾经邀请我参加一场智利顶级酒和中国顶级酒的庄主沟通午宴，在场的智利庄主都对他们尝到的中国酒感到震惊，而且绝非客套。可以说，很多中国酒已经完全可以媲美智利顶级酒。与此同时，葡萄酒的世界不光存在"巅峰对决"，中国葡萄酒产区现在也有很多挑战。我特意拜访了中国农业大学的马会勤教授，希望带来一些"干货"。

王胜寒：中国葡萄酒产区整体的区域划分情况是什么样的？

马会勤： 追溯到以前，中国产区是按省来划分的，比如山东产区、河北产区、山西产区、宁夏产区等。

这对消费者来说相对容易理解，但是新疆是例外，因为新疆太大了，虽然我们有时候也说"新疆产区"，但其实它分为天山北麓（北疆）和天山南麓（南疆），二者之间的差别还是挺大的。

什么是产区呢？其实"产区"就是指一块地域，有可以提炼的近似的风土和环境特征，有时候还有品种上的特性，比如波尔多和勃艮第的品种特性有很大差别。

过去提起中国葡萄酒就是张裕和长城，其实它们在口感和品质上没有太多区别，区域特征不明显，主要是品牌的差异。后来随着中国葡萄酒不断进步和变化，个性特征越来越凸显，尤其是小酒庄发展起来以后，产区逐渐细化和具体化了。

王胜寒：中国有没有最好的产区？

马会勤： 从目前情况来看，宁夏是大多数人眼里中国最好的葡萄酒产区，也是在国际上最广为人知的中国产区。对葡萄酒来说，判断哪里是好的产区，首先要看这个产区的风土条件适不适合种葡萄，有多少款酒获得过国际性的大奖，以及多少个酒庄获得过国内、国际的认可。现在宁夏酿酒葡萄园的种植面积达到 30 多万亩，占全国酿酒葡萄种植面积的四分之一；211 家酒庄年产葡萄酒 1.3 亿瓶，综合产值达到 261 亿元；其中有 50 多家酒庄的 700 余款酒获得过醇鉴（Decanter）、布鲁塞尔国际葡萄酒大赛等顶级葡萄酒赛事的奖章，占中国精品葡萄酒获奖数量的一半。加之干燥、少雨、海拔高、淡灰钙土质等适合种植葡萄的风土特性，宁夏产区的整体酒质水平是其他产区暂时无法比拟的。

不过我们要知道，宁夏以外的中国葡萄酒产区也在迅猛发展，而且很多都拥有自己的标杆品牌，比如云南香格里拉的敖云、山东蓬莱的珑岱、新疆焉耆盆地的天塞、河北怀来的中法，等等。所以，目前最好的中国葡萄酒是不是在宁夏，这就不好说了。

王胜寒：有没有所谓的"中国味"一说？

马会勤：目前谈论中国葡萄酒的风格（中国味）为时尚早。当我们有足够业绩、在国际上拿奖够多，为自己获得的信任背书更多的时候，风格自然而然就会浮现。

好多人认为生青味就是中国味，这显然是不对的，不少国产酒里有生青味都是使用了赤霞珠的缘故（现在赤霞珠占中国酿酒葡萄园 60% 的种植面积）。我们不能说赤霞珠味就是中国味。除了赤霞珠，中国也在实践多样的葡萄品种，比如最有名的马瑟兰。很多产区的西拉也有非常不错的表现。

一款好酒也一定是一款正确、平衡、有一定复杂度的酒。就像孩子的教育，在孩子 3 岁的时候就开始考虑以后让他当科学家、法官，还是律师，但说不定他长大以后做了政治家。葡萄酒也一样，一切评判为时尚早。葡萄酒的原材料是相对比较简单的，那么做简单、正确、平衡的葡萄酒就可以了，做适合 2 到 3 年内就喝掉的酒。如果非要给它"浓妆艳抹"，加单宁、用橡木桶，再陈酿几年，这些目前来说都没有什么意义。

中国葡萄酒以后必然会面临国际化的问题，当我们的酒质水平提高到一定层次，成为领头羊的时候，"中国味"自然就会被提出和认可。

王胜寒：中国精品酒的发声情况如何？

马会勤：山西怡园酒庄的酒款品质是最早获得国际专业人士认可的，是中国精品酒的引领者。不过中国精品酒迅速崛起，发端于 2010 年之后的宁夏产区。2011 年，贺兰晴雪酒庄的"加贝兰珍藏 2009"获得醇鉴世界葡萄酒大奖赛的最高奖项国际金奖（International Trophy），这是中国葡萄酒行业第一次获得重量级国际赛事的大奖。在这之后，国产精品酒以宁夏为起点，真正开始加速发展。

有些东西一旦开了头，其他一切都顺理成章了。

王胜寒： 中国葡萄酒面临的挑战是什么?

马会勤： 第一是埋土防寒成本高。在中国，葡萄种植的最大挑战就是埋土防寒，成本会占到葡萄园生产成本的 30% 到 35%。这大大增加了国产酒的生产成本。

当然会有人问，为什么在德国、加拿大和奥地利这些冬天比中国还冷的国家，葡萄藤不用埋土呢? 主要还是因为特殊的大陆性季风气候，冬天很少下雪，非常干冷，葡萄往往不是冻死，而是抽干致死的。

其实葡萄的成熟枝芽一般能忍受 –17℃的低温，根系能抵抗 –10~–6℃的低温，所以低温不是葡萄藤必须埋土的唯一因素。这也解释了为什么加拿大和美国等国家的寒冷产区并不需要埋土，主要因为那里的冬天雪多。

事实上，在中国是有一条埋土防寒线的。为了方便记忆，可以认为此线大致与中国冬季供暖线重合。线以北需要埋土，线以南不需要埋土。

第二是灌溉成本大。中国的葡萄园都需要灌溉，滴管和漫灌都需要投入很大成本。虽然中国的年降雨量在 600 毫米以下，不过中国是雨热同季，春天下雨少，而秋天葡萄要转色成熟，不需要那么多雨，但那时候却又多雨。

第三是机械化水平低，前期投资比较大。目前酒庄扩充的葡萄园大都在荒漠、多石的土壤环境中，从肥料的投入、挑拣石头，到冬天和来年春天葡萄的埋土和出土，都需要大量的人工和物料投入，最后致使某些葡萄原材料达到每公斤 45 元的高价。

第四是葡萄酒的定价没有标准。从目前的市场情况来看，中国葡萄酒在定价方面还处于不成熟的阶段，尤其是一些不知名的酒庄，定价就是拍脑袋决定的，对自己的成本计算不清楚，不知道自己的酒质如何，更不考虑同质量的其他葡萄酒定价如何，没有任何可供参考的定价标准，而且多数情况下会定出一个相对偏高的价格。我的理解是，红葡萄酒一瓶超过 300 元，白葡萄酒一瓶超过 200 元，就是偏高的价格。

醉鹅娘小贴士：中国各产区的优势和劣势

宁夏产区	
优势	风土条件优势明显。气候干燥、少雨，海拔比较高，相比西部的新疆来说更冷一些，光照相比东部的山东来说更强，很适合种植葡萄。
	成长性好。正因为历史短、基础弱，才能发挥出巨大的成长性，没有既定的"套路"，创新性强。
	政府支持力度大。政府在宁夏机场开设了银川精品葡萄酒店，在各大城市建立了葡萄酒营销网点、展示中心。
	背靠城市优势。银川离酒庄近，酿酒师都住在市区，生活环境和人文条件好，好的酿酒师都愿意去那里长期发展。
	交通运输便利。
	精品小酒庄多，酒质稳定。在政府的大力扶植和引领下，形成了连片优质的酒庄资源。
	走出去。用近百项国际大奖为自己的酒款品质背书。现在有多家酒庄的葡萄酒在国际大公司售卖，形成了产品和消费者的对接。

劣势	历史短，市场认知度低。老客户少，面临的消费挑战就相对大。
	酿酒成本高。因为地块小，机械化水平低，冬天葡萄需要埋土防寒，成本占到整个葡萄园管理成本的 30% 左右。
知名品牌	加贝兰、贺兰山、轩尼诗夏桐、银色高地（外国人认可度高）、留世（葡萄特别好）、迦南美地、温家酒堡、类人首、禹皇。

新疆产区	
优势	气候干燥。
	消费者认可度高。一般消费者认可新疆生产的葡萄，自然也认为新疆能产好酒。
劣势	很难形成产区集群效应。新疆地域太大，不像宁夏那么有凝聚力。
	交通运输闭塞。离主流市场太远，所有农产品都有这个挑战。即便是中国最好的物流公司，能达到的新疆城市也有限。
知名品牌	天塞酒庄、中菲酒庄、楼兰、新雅。

山东产区	
优势	历史长，市场稳固。 品牌知名度高（长城、张裕）。 技术力量强，酿酒技术成熟。 人杰地灵。山东是唯一一个四种酒（白酒、啤酒、黄酒和葡萄酒）都知名的省份。 葡萄不用埋土防寒，节约生产成本。 葡萄酒旅游优势明显。山东是人口和经济大省，自身消费能力强。
劣势	气候条件不太好，阳光不足，酒偏细弱。 靠海，雨水大，偏湿，葡萄园病害比较严重，比如有霜霉、灰霉和白粉。 和宁夏相比，在国际上获得的奖项较少。
知名品牌	张裕（产量第一、品牌第一、技术力量强、在国外有自己的酒庄，形成了不断更新的可持续发展模式）、华东、苏格兰酒庄、君顶。

甘肃产区	
优势	历史优势。有河西走廊和丝绸之路。 地理狭长，气候多样。导致葡萄酒的风格多样。
劣势	夹在新疆和宁夏的中间。 交通不便利。
知名品牌	有一些老品牌，如紫轩和莫高，但近几年来获得的国际奖项比较少。

山西产区	
优势	中国葡萄的传统产区，认知度相对高。 气候条件干燥，光照好。相对冷凉的产区，很适合葡萄的生长。 黄土，特征性明显。
劣势	黄土排水性不好，比沙质土壤更差。
知名品牌	怡园酒庄（运营时间长、最早荣获国际大奖，是最成功、可持续发展、市场认知度和反响最好的酒庄之一，各个价位的酒都有）、戎子酒庄。

河北怀来产区	
优势	风土条件特别好。非常适合生产中国最优雅的葡萄酒。
	京津冀一体化使怀来有更好的发展前景。
	酒庄的适应性强。该产区的酒庄善于自己解决问题。
	降雨多，灌溉成本低。
劣势	需要更多扶持。
知名品牌	长城桑干、中法、迦南。

云南产区
云南虽然生产的葡萄酒量不大，但很有特色，主要以旅游带动消费的模式运营。最知名葡萄酒品牌是云南红。

第 8 课

像侍酒师一样：
存酒、醒酒、酒具选择

我们如果在餐厅中喝葡萄酒，无须操心葡萄酒的储存条件、醒酒方法以及酒具的选择等问题，因为这些都可以由侍酒师代劳。

　　但是，如果想在家里品酒，就需要像侍酒师一样掌握相关技能。

　　通过本课的学习，你们将学会如何正确地储存葡萄酒，能够优雅地醒酒、倒酒，以及选择合适的葡萄酒器具。

8.1

好的存储条件延长酒的寿命

永远不要低估存储条件的重要性

储存条件好的酒，可能会比储存条件不好的酒寿命多出好几倍。我还记得前几年我在法国勃艮第的博若莱产区时，庄主拿出了一瓶酒，说是他们的入门款大区级"博若莱白"，让我们猜陈年了多久。要知道，博若莱大区级是葡萄酒界公认的不能陈年的类型，一般都得在出产两年内尽快喝完。

当时我们一行人（包括大名鼎鼎的葡萄酒大师）都猜 5 到 10 年不等，还是出于社交礼貌——庄主既然都这么问了，证明他家的酒很能陈年呗。从实际品鉴角度来说，这款酒的确是有那么一点陈年气息，是很干净清新的蜂蜡系陈年香，并且果味还很充沛。

结果我们得知那款酒是 1996 年产的，也就是说已经陈年了 20 多年。当场所有人的下巴都惊得掉下来了。这个酒庄并不是大名庄，虽然质量也非常好，但也不至于基础级别的酒能陈年这么久呀？

秘诀在于存储条件。

庄主跟我们说，他家用来存储酒瓶的酒窖在当地是出了名的条件好，湿度、温度各方面都很棒。而这瓶大区博若莱白，他们本来没打算放这么久的，是因为酒被"遗漏"在酒窖里，没想到最终陈年效果这么好。

如此说来，酒的质量和陈年潜力之间的关系，并没有我们想象的那么大，反而是存储条件和陈年潜力的关系被大大低估了。我们有时候会看到新闻，说某个地方的名庄，里面的藏酒一两百年了还能喝，老实说，如果存储条件真的是一等一的好，这真的不罕见。而且，越是好酒，越是风格优雅"羸弱"的酒，对储存条件就越敏感。

这也是为什么很多喝好酒的人非常在乎酒的来源渠道，因为一直被放在酒庄酒窖里"待字闺中"的酒，和一路过着颠沛流离生活的"社会"酒，二者状态会非常不一样……往往一个喝酒非常有经验的人，是能够喝出酒的储存条件的。存储不好的酒，多少都有高温、温度变化、氧化、光线接触过多等带来的异味和"疲软感"。

最适合储存葡萄酒的条件

最适合储存葡萄酒的环境条件是暗、冷、湿。

暗：因为葡萄酒怕光。

冷：因为葡萄酒最喜欢的温度是 10～14℃，在这个区间内，温度越低，陈年熟化的速度就会越慢。而且葡萄酒不喜欢温度变化，恒温最好。也不能来回移动酒瓶，这样才能让酒进入"冬眠"的状态。

湿：因为葡萄酒的木塞需要保持湿润，这样才不会因为木塞干裂而让空气进入酒瓶。这也是为什么储存时酒瓶要斜放或平放，因为这样可以保证木塞一直被液体接触，不会干裂。

如此盘点下来，地下室真的是储存葡萄酒的好地方。如果我们没有地下室这样的地方，怎么办呢？那就去买酒柜。如果没有酒柜呢？放冰箱可以吗？我觉得如果是普通的酒，放冰箱问题不大，但如果是好酒，有些比较讲究的人会认为冰箱运行中微小的震动会给酒带来伤害，不如放在家里相对"暗湿冷"的地方。

如果家里实在是没有更好的条件去存酒，那我建议多囤那些"耐折腾"的酒：高酒精度、高甜度、氧化风格的酒，特别能放，更不介意存储条件。另外，大瓶装的酒也更能放得久，所谓"团结就是力量"嘛，酒液多了，相对也更能抵抗外部环境的"侵蚀"。

8.2
合适的温度守护酒的品质

温度对于葡萄酒的影响，就像温度对其他食物的影响一样重要。想想看，软掉的薯条、冷掉的汤、化掉的冰激凌，还有那么好吃吗？在不同的温度下，人对不同味道的感知会有非常大的不同。对温度的调整虽然不能让一瓶 100 元的酒拥有 500 元的酒的品质，但如果控制错了温度，500 元的酒有可能只能发挥出 100 元的酒的风味。

所以，把握好葡萄酒的温度，是任何一个专业侍酒师必备的技能。如果你只是普通爱好者，了解温度的规律能让你游刃有余，不至于因为温度不对而错判本可以表现得更好的酒，也能知道通过调温来遮掩酒的缺陷或者放大酒的优点。

关于葡萄酒的温度，需要了解四大要点

第一，葡萄酒的温度一般在 6~18℃ 之间。这就意味着，葡萄酒的温度再低，也低不到冰镇啤酒的温度；葡萄酒的温度再高，也往往比室温低，喝在嘴里会感觉凉凉的。如果在 20 多度的室温环境

中喝葡萄酒，喝上去往往有很冲的酒精味，刺激感更强。

第二，喝着越厚重的酒，侍酒温度就越高。这也是为什么白葡萄酒往往侍酒温度是 10~12℃，而红葡萄酒的侍酒温度一般是 16~18℃。酒体偏轻的红葡萄酒侍酒温度相对低，酒体重些的红葡萄酒侍酒温度相对高。而厚重感介于红葡萄酒和白葡萄酒之间的桃红葡萄酒，侍酒温度自然也是介于两者之间，一般在 12~14℃。

第三，起泡酒和甜酒要低温喝。因为低温可以降低气泡的刺激感，也会降低甜感，道理和冰激凌一样——有些化冻后的冰激凌简直甜腻死人。甜酒的温度范围一般是 6~12℃，具体什么甜酒什么温度喝，依情况而定。有的甜酒酒体厚重，同时制衡甜度的酸度又很高，可以在温度高一些的时候喝。反之，如果甜酒的酒体轻，酸度也不太够，那就一定要低温喝。

第四，质量好的酒，温度可以适度调高。同样都是轻白，适宜品尝优质轻白的温度就需要比差的轻白稍高一些。我认识几个勃艮第爱好者，他们甚至认为勃艮第的顶级白葡萄酒最佳品尝温度应该和红葡萄酒一样。一方面勃艮第的顶级白其实酒体是很厚重的，另一方面是因为它质量足够好，好到能够掌控住更高的温度。基于这个道理，一些质量上的瑕疵可以通过降温来掩盖，因为在更低温度状态下各种化学分子都相对不那么活跃，也就闻不到那些令人不悦的香气了。

我们根据适合品尝的温度，将葡萄酒大致分为四个类型，在这个框架下，可以再根据风格和质量的不同去做调节。

6~10℃

类型一

非常需要低温的起泡酒
和甜酒

10~12℃

类型二

追求清新的桃红葡萄酒
和干白

12~16℃

类型三

介于"清新的干白"和
"正常的干红"之间风
格的酒，例如浓郁的干
白和清爽的红葡萄酒

16~18℃

类型四

一般的干红和加强酒

知道了温度影响葡萄酒的规律后，一个更重要的问题来了：我们怎么知道喝的酒温度正好呢？我只能给你一个听上去非常绝望的回答："凭——经——验！"

酒喝多了，自然就会知道温度合不合适。那我们怎么能获得这个技能呢？可以先买那种厨房温度计，多试几次，就慢慢有了校对标准。

如果你平时没那么讲究，那就无须过度追求绝对温度，我在这里给你一些更"模糊"的判断方法：

1. 盛放冰和水的冰桶，能立即给葡萄酒降温。往往室温环境下白葡萄酒在冰桶里放半个小时，温度就很合适了。如果酒在冰桶里已经被冻得接近理想温度，可以倒掉冰桶里的水只剩下冰，然后将一块湿布罩在冰桶上，这样可以保持酒的温度而不会继续降温。当然，也可以使用专门设计的葡萄酒冰袋，把它罩在酒瓶外，这样两三小时内酒不会升温。

2. 如果你想喝的葡萄酒是常温放置，身边又没有冰桶，那就提前把它放在冰箱冷冻柜里，放半个小时就可以了。

3. 整体来说，可以先把酒冻得凉一点，差不多比理想温度低几度，这样倒酒回温后温度正合适。甜酒和白葡萄酒每次少倒出一些，省得喝不完导致剩在杯子里的酒升温过多。

8.3
正确的醒酒方法激发酒的风味

醒酒的定义很简单，就是把酒从酒瓶倒入一个大的玻璃器皿中，在此过程中给酒"换气"，让酒液很大程度上和氧气接触，然后搁置几十分钟到几小时不等。这样的醒酒过程，一是可以通过换气去掉葡萄酒中二氧化硫导致的"硫臭味"，二是可以通过微氧化打磨掉单宁的艰涩感，让酒更接近于"适饮期"的状态，甚至让酒随着微氧化程度的加深，产生一系列香气和口感上的变化。

去掉硫臭味应该不难理解——一直被封存着的葡萄酒，就像很久没有人住过的房间，会有一些异味，如果要住这个房间，就需要先给它通通风。

而关于微氧化这一点，就有一些争议。有些"理性派"的人甚至高呼醒酒是伪科学，他们说醒酒带来的"微氧化"效果微乎其微，几乎可以忽略不计。但无论理论层面数据如何，身经百战的实践派都知道，醒酒一定是有效果的。事实上，就算一个人不懂酒，也能感受到醒酒的效果——曾经有一次，我给一桌不怎么懂酒的人推荐一款以坚硬强壮风格著称的法国罗纳河谷卡纳斯产区的名庄酒，年份很新，刚开瓶的时候喝简直像碰到一面墙一样，什么风味都没有，好几个人喝完以后皱起了眉头。之后我把酒倒入醒酒器，等到饭局结束，距离开瓶已经过去了三四个小时，这时再给大家喝，并且没有告知大家两次喝的是同一瓶酒。所有人都惊呼这是他们喝过的最好喝的酒之一。在这个过程中，我没有任何主观引导。这种风味从无到有的过程，才是葡萄酒最迷人的地方。

对实践派来说，虽说醒酒的作用无须质疑，但怎么醒、醒多长时间都是没有定论的——并没有一个绝对权威可以告诉大家，来自某个酒庄或者某个产区的酒"该"醒多长时间。对于同一款酒来说，有些人认为只需要醒半小时，有些人认为需要醒两小时，这都太常见了。哪怕是酒圈公认的需要"狂醒特醒"的意大利酒王巴罗洛，很多意大利人也并不以为意，开瓶后稍微透透气直接喝的不在少数。因此在这里，我只能告诉你一些普遍的醒酒规律。随着你在红酒之路上精进，希望你会逐渐发展出一套体现自己个性的醒酒经验。

什么酒该醒

很多人会以为醒酒是干红的特权，并不是，白葡萄酒、甜酒，甚至是起泡酒，都是可以醒的！

如果说只能选一个是否该醒酒的硬标准，那就是这支酒离进入适饮期有多长时间。离适饮期窗口越远的酒，越值得醒。适饮期窗口距现在还有 5 年的酒，和一个适饮期窗口距现在还有 10 年的酒，当然是后者更需要醒。如果要"简单粗暴"地总结的话，那就是越贵的、单宁越强的、结构越宏大的、旧世界风格越强烈的、年份越新的酒，越需要醒。

除了适饮期这个因素，还有几种酒要考虑醒：

第一，自然酒。自然酒多数需要换换气，但不用醒太久。因为没有加硫，所以酒容易变质，在陈放过程中也容易受杂菌感染，所以需要拿出来透气，去除任何可能存在的异味。

第二，意大利酒。非常笼统地说，很多意大利酒的骨架偏硬，在概率上来讲，意大利酒醒酒后都会更好喝。尤其是结构宏大的巴巴莱斯科、阿玛罗尼和布鲁奈罗，醒三五个小时都是非常常见的。

第三，一个理论上本该很好喝却"什么都喝不出来"的酒。很多没有醒好的酒会让人觉得，明明集中度很好，单宁也很密实，但就是香气出不来，口感上也是紧绷绷的，一点都没有让人想酣畅淋漓地咕咚咕咚往下喝的感觉——这样的酒，多半适合醒酒。当然，也存在酒一直都"醒不开"的状况……下一次，你要是带好酒到酒局上而大家却反响一般，不如遗憾地摇摇头，向大家表示"这酒没醒到位"或者"这酒这次没打开啊"。

哪些酒醒酒要慎重

第一，新鲜或清爽风格的酒。如果我们把一支酒称之为新鲜或者清爽风格的话，那么它一般是那种适合早饮、在适饮期窗口内的酒，并且不会随着醒酒有太多变化，醒酒反而容易让它们的香气消失。

第二，正当适饮期且风格比较纤细的酒。以勃艮第黑皮诺为代表，如果醒酒太大胆，很容易把酒给醒过头了。这种酒最好放在杯子里醒，让它慢慢展开就可以了。是的，"杯醒"是一种真实存在的概念……一些顶级酒，可以在杯中"支撑"几小时的时间，且一直有变化。

第三，老酒。老酒在漫长的陈放过程中已经微氧化了，尤其是很多老酒的储存条件是不可知的，如果突然被大量氧气袭击，容易"见光死"。但是，这并不意味着对这种酒我们完全没有动作——我们对老酒的策略，就是慢慢喝，走一步看一步。很多老酒开瓶的时候容易出现那种湿腐味，通过瓶醒也好，通过温柔地把它们换到窄高型的玻璃瓶里也罢，都会帮它们抖掉身上的沉渣、陈味和湿腐味，通常这时就能闻到它们"回光返照"的果味。

第四，太便宜的酒。便宜酒一般非但不会因为醒酒而产生好的变化，还容易因为醒酒"散架"，失掉果味的甜美，喝上去更酸，酒精感更重——这三点也是酒"醒过了"的主要表现。不过，如果你问我："是不是所有便宜酒都不值得醒？"我无法向你保证，因为我喝到过通过醒酒而变得更好喝的便宜酒。葡萄酒就是这么"说不好"。

8.4
相宜的酒具表达酒的个性

酒杯该如何选

一支合格的葡萄酒杯，首先能让我们看清酒的颜色，所以最好是透明玻璃的；其次，它要帮助我们闻到香气，所以杯口要往里收，否则香气都跑掉了，为了更好地闻到香气，杯子得有杯杆，高脚杯的设计是为了方便我们晃动杯子，这样酒精可以挥发得更快，酒精会带着气味分子传到我们的鼻腔，这和香水的道理是一样的；最后，它需要尽可能保持杯中酒的温度，这也是需要杯杆和杯脚的另一个原因。我们手握杯杆而不是杯身，就不会让酒的温度因为手的温度而过快升高了。

白葡萄酒杯

杯身小，可以每次少倒一些酒，保证杯中的酒在喝完之前温度不会升高太多。

偏瘦高、收口的白葡萄酒杯适用于所有白葡萄酒。

偏胖、杯肚较大的白葡萄酒杯适合酒体饱满、香气层次丰富的白葡萄酒或者陈年老酒。

红葡萄酒杯

杯身大而宽，有利于香气的发挥。

勃艮第杯杯口向外翻，有利于葡萄酒入口时最大面积接触舌尖，增强果香的表达。葡萄酒在杯中更大的表面积也让葡萄酒的香气可以最大程度挥发，让葡萄酒更加芳香。

波尔多杯杯身大，更高大的杯身有利于摇杯和醒酒，聚拢的杯口也有利于收拢香气。

香槟杯

传统上，很多人认为香槟杯应该是瘦长的笛形杯，这样可以更好地观赏气泡。但其实笛形杯非常不利于表达香气，所以高档香槟用瘦高收口的白葡萄酒杯型更合适。

酒柜该如何选

为什么认真喝酒的人，家里都必须有酒柜呢？

我们大多数人其实没有条件用地下室陈放葡萄酒，摆在家中的葡萄酒需要有一个适合储存的地方。因为不当的存储条件，比如过高的温度、直射的光线、干燥的空气，会让葡萄酒迅速早衰，风味尽失。尤其是夏天，放在室温环境中的酒很容易受热坏掉。而冰箱并不适合长时间储存葡萄酒——冰箱里的异味很容易连累到酒，冰箱也没有防震设施，细微的震动会加速葡萄酒的化学反应速度，对葡萄酒的成熟过程会有相当大的影响。

酒柜另外的好处是，很多酒柜有不同的温区，可以设置不同的温度，10℃的低温用来存放白葡萄酒或起泡酒，16℃的高温用来存放红葡萄酒，这样，无论想喝什么酒都可以从酒柜中直接取出饮用。对于餐厅或者收藏家来说，可以将不同类型的葡萄酒都存放于对应最合适的温度中。

其实，入门级小酒柜并不昂贵，只需一两千元就可以满足储存葡萄酒的一般需求。但如果你想要升级装备，就要知道挑选酒柜的时候，需要考虑哪些性能了。造成酒柜价格差异最重要的原因是制冷方式不同。而制冷方式主要分为半导体制冷和压缩机制冷，通常来说，半导体制冷的酒柜价格比较便宜，压缩机制冷的酒柜价格会贵一些。

半导体制冷的优点是无振动、无噪声、无污染、重量轻；缺点是制冷效率低、使用寿命短。

压缩机制冷的优点是制冷效果好（温控范围一般在 5～22℃，而半导体制冷一般是 10～18℃ ）、性能稳定、寿命长；缺点是价格高、无法完全消除噪声、笨重。

除了制冷方式差异外，影响酒柜价格的因素还有另外几个方面：控温系统的稳定性、湿度控制系统的稳定性、酒柜内部的空气流通系统、酒柜的材质和柜壁厚度。

醉鹅娘小贴士：醒酒的易操作技能

第一，如果你对某款酒的适饮期不熟悉，没关系，只要酒不便宜，而且年份也比较新，醒半小时往往是出不了大错的。

第二，如果想更谨慎一些的话，可以每隔15分钟去尝一下正在醒的酒。如果发现酒的状态没有变得更好，这酒就算醒得差不多了。不过，真的不要等到酒已经醒到巅峰的时候再开始去喝，尤其是吃两三小时的大餐时，酒喝着喝着质量一直下降，岂不是一件很难过的事？毕竟我们都希望在喝酒时，见证一支酒的"上坡路"而不是"下坡路"。让喝酒的人去体会酒绽放的整个过程，才更有意思。

第三，如果你极其谨慎，可以先试一下最温和的"瓶醒"法，也就是只开瓶塞不进醒酒器去搁置一段时间。对顶级酒的酒局来说，最怕的就是没有掌握好醒酒的度，要么没醒到位，要么醒过了。提前几小时先通过瓶醒来理解酒的变化周期，就是更保险的选择。

第四，在选择用什么醒酒器的时候，无论有多少种造型华丽的样式，只需要考虑醒酒器让酒和空气接触的面积大小。需要加倍醒的话，可以选择敞口较大的醒酒器，需要慎重醒的话，可以选择收口的醒酒器。

第9课

像挑剔的食客一样：
红酒礼仪、餐酒搭配

如何在餐厅优雅地点酒？

如何通过与侍酒师沟通，点到满意的酒款？

如何让葡萄酒与食物相映成趣？

通过本课的学习，你将得到以上问题的答案，在需要喝葡萄酒的场合做到大方得体，魅力四射。

9.1
点酒三步法

第一步，验酒瓶。

侍者向你展示酒瓶，是为了让你确认该瓶葡萄酒就是你所点的那一瓶。这一步千万不要掉以轻心，因为偌大的餐厅会提供同一酒庄的各种葡萄酒，而且这些酒瓶大多看上去一个样，不仔细看的话很可能出差错。此外，如果是一款陈年好酒，那你肯定好奇该葡萄酒的瓶装量、进口标签、封口锡箔以及侍酒温度等等，因为好酒不仅意味着质量高，也意味着许多地方与众不同。此外，侍酒师给你看酒瓶时，需要注意酒款和年份是否正确。

第二步，查酒塞。

通过查看葡萄酒酒塞（软木塞），不仅能识别酒的真伪，还能对瓶中的葡萄酒质量略知一二。一般来说，侍者会把拔出的酒塞放在小托盘或是餐布上，以便客人查看。要注意观察，酒塞上标注的酒庄信息是否与酒标上的信息一致？如果不一致，有可能是假冒的酒。另外，酒塞是否受到侵染，太过干涩？如果是，那说明该瓶葡萄酒的储存状态不佳，也许已经被污染了。通常一款储存良好的葡萄酒酒塞通体湿润。此外，还可以闻一闻木塞，酒是否坏掉、储存条件这些关键信息都可以靠木塞的气味判断出来，如果木塞有湿纸板或潮湿地下室的味道，就说明酒被软木塞污染了。

第三步，品样酒。

品样酒的过程同样是为了检验该款葡萄酒是否被污染。在品尝之前，记得看一看酒是否浑浊，轻微浑浊的话没关系，但是过于浑浊就要谨慎些了。

然后，闻一闻味道是否有缺陷，葡萄酒如果出现以下三种味道，说明很可能被污染了：一是木塞味；二是煮豆子的味道，这种味道出现说明酒因为受热而产生了一种不太新鲜的味道，闻起来像炖出来的食物；三是马德拉酒的味道或氧化的味道，葡萄酒氧化后会丧失本来的果香，出现烂苹果、烂树叶的味道。

最后，尝一尝酒的温度是否合适，以及通过品尝来判断是否需要醒酒。

请记住：如果酒坏了，可以要求退；但如果只是单纯不喜欢这瓶酒，那一般是没有办法退的。

9.2

通过与侍酒师沟通，点到想要的酒

在餐厅点酒，如果我们假设酒单不错，侍酒师也很专业（这样的餐厅现在越来越多了），那如何与侍酒师沟通，很大程度上决定了能不能点到符合自己口味和价位预期的酒。毕竟，酒单上那么多酒庄不可能每一个都认识，闭着眼睛瞎点，很容易点到不喜欢的。

点酒用语

其实，我们在前几课梳理葡萄酒风格的规律时，已经系统介绍了如何利用这些规律来点酒。

当然，你可以直接报上你喜欢的口味。可以参考下页的图，从香气里选一个类型，从口感结构里选一个类型。

如果你只是和侍酒师说："我想喝清爽的、充满花香的白葡萄酒。"从我以往的经验来说，由于每个人对口味的理解差异很大，有相当大的概率侍酒师为你选择的酒不会如你所愿。因此这个时候，要从"生产者"的视角，而不是"品鉴者"的视角来点酒。这就好比和厨师说"我要清蒸的"比说"我要原汁原味的"表达更精准、

🍎 果香型

红色水果类
黑色水果类
苹果和梨
柑橘
核果
热带水果

🛢 木桶型

咖啡
烘烤味
雪松
肉桂
椰子粉
檀香木

✦ 花香型

玫瑰
紫罗兰
金银花
甘菊
接骨木花
百合花

❋ 香料型

黑胡椒
香草
丁香
迷迭香
薄荷
甘草

🧂 咸鲜型

泥土类
矿石类
坚果类
草本类

动物类
奶油和面包类
焦糖和甜点类

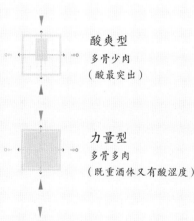

酸爽型
多骨少肉
（酸最突出）

力量型
多骨多肉
（既重酒体又有酸涩度）

柔和型
少骨少肉
（不酸不涩不浓郁）

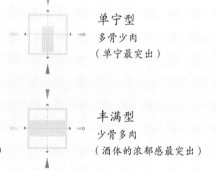

单宁型
多骨少肉
（单宁最突出）

丰满型
少骨多肉
（酒体的浓郁感最突出）

● 酒精度　● 酸度　● 单宁　● 风味

更有说服力。

　　点酒时，也不要一上来就报品种，失败率也会比较高。因为影响葡萄酒风格的因素里，品种的重要性在变得越来越弱。这就像在餐厅点菜，光和服务生说你要吃鸡肉，而不提想吃的是辣子鸡还是白切鸡，那么大概率点到的菜不会合你胃口。实际上，多数情况下你如果直接说想吃川菜，恐怕比说想吃鸡肉更能表达你的本意。

　　所以，我们还是回到葡萄酒学习金字塔：

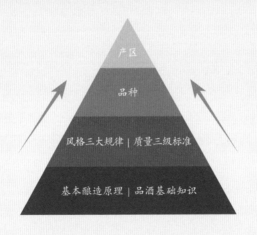

　　如果真的想让侍酒师明确知道你想要喝什么，你需要告诉他金字塔第二层上的信息。在风格三大规律里，分别在气候、过桶和陈年、酿酒模式上进行选择。不一定三个维度都告知，但起码要给出两个维度上的你的选择。这一点已经在第 4 课中详细讲解，这里不再赘述。

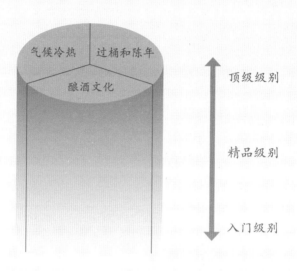

如果不想点贵的酒，我们往往都不太好意思直接说。那么，怎么能够向侍酒师暗示你希望点的酒的价位呢？很简单，说出带有级别暗示的词汇就可以了！

在第 5 课中，我们把葡萄酒世界分成了三个级别，分别是入门级别、精品级别和顶级级别。如果想要一个简单的入门级别的酒，可以用"顺口""易饮""新鲜"这些词汇，侍酒师听到后肯定"秒懂"。

但如果你说了"平衡""浓郁度"这些词汇，可就不要指望侍酒师帮你推荐酒单上最便宜的酒了——就像我说过的那样，"浓郁度"这种标准可是衡量葡萄酒质量的"金线"，钱不到位真的买不到精品级别的酒。

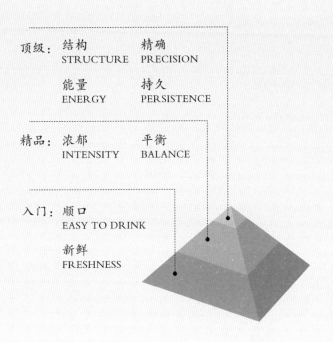

顶级： 结构　　精确
STRUCTURE　PRECISION

能量　　持久
ENERGY　PERSISTENCE

精品： 浓郁　　平衡
INTENSITY　BALANCE

入门： 顺口
EASY TO DRINK

新鲜
FRESHNESS

　　而一旦你开始用上"结构""精确""能量""持久"等形容顶级酒的词汇，侍酒师可就不把你当一般人了——这个段位的词汇往往出现在葡萄酒深度爱好者的对话中。

　　还有个细节：很多时候我们喜欢把酒体瘦弱清淡的风格称为"优雅"，但如果你不想花太多钱，那就不要说"优雅"，而要说"清新"，因为"优雅"往往被用来形容同类风格中质量更好的酒。

　　最后，如果你不想费那么多口舌，也对口味没那么多执着，可以直接和侍酒师说："推荐一款配今晚的菜的酒吧。"不过这样虽然简单，却也少了些乐趣。

上酒的合理顺序

如果想操办一场比较正式的酒局，往往是有一些约定俗成的上酒顺序的。

第一，先喝干的，再喝甜的。如果先喝甜的酒，紧接着喝的干的酒，就会觉得特别难喝。所以越甜的酒越要放到后面喝。

第二，先喝便宜的，再喝贵的。但也要注意，不要把最好的酒留到最后，因为经验告诉我们，到那时候大家往往已经喝懵了。最好的上酒顺序，是先通过前几款酒打开味蕾，在大家还没喝多并且还有空讨论酒的时候，把最好的酒呈上。

第三，先喝年轻的，再喝老的。我们品同一款酒时，往往喜欢先感受它年轻的状态，再品尝它年老的状态，感受它如何慢慢优雅地老去，体会酒的生命弧线。但有时候年轻的酒太强壮，导致如果把老的酒放后面喝，就显得老酒"没劲儿"了，因此很多酒局也不一定遵守这个规则，尤其是年份波特，爱好者喜欢从老的喝到年轻的。

9.3

餐酒搭配原理

餐酒搭配整体来说被过度神化了，其实在日常吃喝场景下，只要配的酒不"太错"，那么不管怎么搭配基本都是对的。因此，知道"什么菜和什么酒在一起完全不搭"，比知道"什么菜和什么酒在一起天衣无缝"更重要，况且后者完全取决于具体的酒款和菜式，很难被复制到其他用餐场景中。

但是，如果我们希望自己也能像顶级侍酒师那样，说起餐配酒"出口成章"，那我们就得知道多层原理，而不是仅限于"对比和互补"这样的简单原理。因为"对比和互补"这个道理就好像时尚达人在教服装搭配的时候，说"服装的颜色搭配，无非是撞色和衬色"这样的泛泛之语，结果她用撞色撞成了仙女，你用撞色却撞成了"猪猪女孩"。

类比心理学家马斯洛的"需求金字塔"，我设计了一个"餐酒搭配金字塔"供大家参考。这个金字塔意味着一定要先满足基层需求，才可追求塔尖。金字塔的基层，关注食物的浓淡如何影响酒的选择；中层关注食物的酸甜咸辣肥如何影响酒的选择；顶层关注食物的风味和烹饪方式如何影响酒的选择。

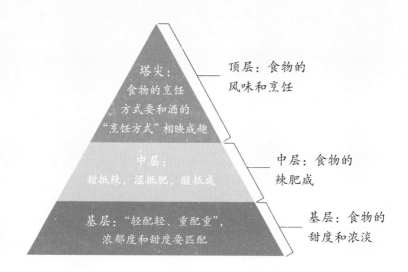

基层："轻配轻，重配重"，浓郁度和甜度高低要匹配

简单来讲，就是轻口味的食物配轻口味的酒，重口味的食物配重口味的酒。

能够增加酒的厚重感的元素有糖和酒体。记住，糖是一种非常容易压制其他口味的元素，因此也是决定酒的轻重浓淡的第一要素。有甜味的餐食，一定要配甜度更高的酒，否则酒会显得非常酸涩难喝。哪怕不是甜点，只是加了一些糖的菜肴（比如糖醋鱼），也需要让酒的甜度大于餐食的甜度。

当我们考虑食物的浓淡的时候，一定不要忘了"食材"和"对食材的处理"一起组成了食物的浓淡。蒸鸡腿和烤鸡腿的口味轻重是很不一样，所以选酒也要根据食物的整体浓淡来做调整。"白肉配白酒，红肉配红酒"其实大部分时候都是适用的，而在少数情况下不适用，原因往往出在食材的处理方法上。

白肉配白酒，红肉配红酒

中层：甜抵辣，涩抵肥，酸抵咸

辣和甜是此消彼长的，如果一个菜很辣，喝点甜酒就不辣了。不过酒精带来的灼热感和辣味会互相激发，所以吃辣的时候，对于酒精度数较高的酒（比如加强酒和阿马罗尼等），选择要慎重。

甜解辣，酒精度加辣

肉的肥腻除了可以用起泡酒的气泡解决，还可以通过酒的涩感来克制。如果单喝强单宁的非常涩口的红酒的话，你会感觉整个舌头就像一块毛巾一样被拧干了，咽下去以后整个口腔的水分仿佛也都被吸走了——然而这个特质对抑制肥腻非常有用，这也是为什么会出现经典的高单宁波尔多配牛排的搭配。

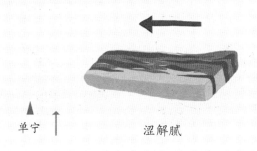

单宁　　涩解腻

食物的咸可以和酒的酸相互抵充。这是鱼子酱和香槟成为经典搭配的原因，因为鱼子酱超级咸，香槟超级酸。如果你觉得酒太酸的话，往食物里多撒点儿盐，就能瞬间解决问题。吃饭的时候如果喝酸度比较突出的酒，食物也会显得没那么重口味。

总的来说，酒的酸度和单宁一样，都有解腻的作用。这也是为什么很多浓郁度中等、酸度比较突出的酒会被看成是食物友好型酒，因为一般它们不会抢食物的风头，同时还有万能的酸度给食物解咸和解腻。事实上，有一位非常前卫的葡萄酒大师蒂姆·汉尼（Tim Hanni），曾经发表过对于餐酒搭配的惊世骇俗的言论："任何酒和任何食物都可以配得起来，只要你手上有盐和柠檬汁。"

酸度

酸解咸

上层：食物的烹饪方式要和酒的"烹饪方式"相映成趣

当你把"烹饪方式"相同的酒和食物搭配在一起时，会发现它们和谐程度超过你的想象。可以拿葡萄酒行业里的专业概念"一级风味""二级风味"和"三级风味"来理解：

一级风味：生的食物很配"生"的酒。你会发现，寿司、沙拉之类的生食食品，与新年份的、用保持果实新鲜度的酿酒方法酿成的清爽风格的葡萄酒非常配。

二级风味：被烘烤过的、有美拉德反应的食物很配有美拉德反应的酒。有"美拉德反应"的酒，其实就是那些因为过桶之后出现烘烤气息或焦糖气息的酒，毕竟做桶的过程就需要经历烘烤。这样的酒搭配有焦香气息的菜会特别和谐。

三级风味：陈年或慢炖过的食物很配陈年过的酒。陈年之于葡萄酒，相当于慢炖之于食物，因为酒在陈年后会有咸香等各种复杂的味道。

9.4
餐酒搭配的场景解析

在这一节里，我们通过几款食物举例，具体分析如何把"餐酒搭配的金字塔原理"运用到日常生活中。

烤串

基层：重口味——所以需要同样重口味的酒（如果不是起泡酒，那么，要么是甜的酒，要么是重酒体的酒）。

中层：油腻——可以用起泡酒或者高单宁的酒解腻；咸——可以允许酒有更多的酸度去制衡。

上层：孜然等辛香料——可以用带来香料感的过桶痕迹明显的红酒。

可以通过两个思路来选合适的酒去搭配烤串，第一个思路是用酒的清新感和气泡来完美地和食物的香辛进行中和，啤酒搭配烤串是类似的思路。如果吃烤串时有不常喝酒的女性同伴，可以选"小甜水"之类的；第二个思路是用单宁丰富、滋味浓郁的过桶风格红酒进行搭配，过桶带来的香料味和肉串无所不在的香辛料相互呼应。

面条、米线类食物（以西北面食为例）

基层：较为重口味——不要选择品味过轻的葡萄酒。

中层：咸——西北面食通常以咸味为主导，因此配酒的关键，是要让酒发挥"醋"的作用来解腻。

上层：用西红柿和碎肉做酱汁的莜面，和意大利面有不少相似之处，可以用意大利经典基安蒂来配，高挑的酸度和西红柿的味道十分契合，也能很好地中和酱汁里的油分。

有两个注意事项：一是不要配单宁强劲的红酒，比如波尔多或巴罗洛，它们的单宁和淀粉是真的"不来电"。二是如果面是清口的汤面，最好不要配葡萄酒，因为葡萄酒和汤类食物天生不搭，可能因为双方都是"水命"，特别容易犯冲。

比萨

基层：较为重口味——不要选择口味过轻的葡萄酒。

中层：带来油腻感的奶酪——比萨上融化的奶酪要求酒款有抵消油腻的元素，所以一定的酸度必不可少。但最好不要通过单宁来消解油腻感，因为构成比萨的主要材料淀粉和过强的单宁实在不搭。

上层：根据比萨上放的食材和撒的佐料来决定。

可以试试基安蒂和黑皮诺，可以保证不过分的单宁和合适的酸度。此处推荐产自美国加州的黑皮诺，是新世界酿酒风格，基安蒂也是较新派的以果香为主的酒。两款酒在果香方面都是整体偏向活泼的红果风味，同时酸度也都较为活泼。想要甜美感更多的话，可以选择黑皮诺，想要草本类香气更浓郁的话，可以选择基安蒂。

沙拉

基层：轻口味——需要同样轻口味的酒，一定不能厚重。

中层：低油——不要配有明显单宁的酒。

上层：新鲜未加工食材——可以搭配新鲜且有草本香气的酒，选长相思无疑了！

牛排

牛排是完美的蛋白质、油脂和咸鲜滋味三位一体的食物。

基层：重口味——需要同样重口味的酒。

中层：动物油脂带来的油腻——需要有超高单宁的酒。

上层：美拉德反应和黑胡椒——适合重桶的酒，以及天生有一些香料香气的品种。

煎三文鱼

基层：相对重口味——三文鱼肉本身就会比白的鱼肉口味更重一些，加上是煎制的，所以不能配清爽的干白。

中层：谈不上特别肥或者咸，所以在酸度上没什么特别的要求。但是海鲜和单宁很容易产生冲突，所以不要选择单宁过重的酒款。

上层：通过煎制有美拉德反应，所以可以选带有些许过桶的风格的酒。

选一款颜色重一些的桃红葡萄酒是个不错的选择，桃红葡萄酒比白葡萄酒更加浓厚，同时又没有红葡萄酒的单宁。关键是，桃红和三文鱼的颜色也很搭！

醉鹅娘小贴士：餐酒搭配的禁忌

有一些经典的原则：

（1）高酸的干型酒不宜搭配过甜的菜肴。当然也包括甜品在内，因为这会让葡萄酒的酸度过于突出，失去平衡感。

（2）甜酒不宜搭配比酒更甜的甜点。因为甜酒一般都有很高的酸度，更甜的食物会让酒喝起来很酸。

（3）高单宁葡萄酒不适合搭配海鲜。因为单宁和鱼类的脂肪碰到一起会产生金属味，所以一般我们说海鲜配白葡萄酒，不过一些单宁不高的清淡红葡萄酒也可以搭配海鲜。

（4）高单宁葡萄酒不适合搭配很咸或者很辣的菜肴。高单宁葡萄酒的配餐其实是非常有挑战性的，搭配富含蛋白质和脂肪的食材一般不会出错，牛排当然是最经典的选择。

（5）高酒精度的葡萄酒不宜搭配很辣的菜肴。因为辛辣会加重酒精的灼热感。

（6）橡木桶味明显的白葡萄酒或红葡萄酒，不适宜搭配口感精致的清淡菜肴。橡木味很容易压过食物的细腻风味，所以橡木桶味道明显的酒应该搭配味道浓郁的菜肴。

（7）风味精致优雅的葡萄酒不适宜搭配重口味或辛辣的菜肴。因为重口味的菜会完全压制住葡萄酒，让葡萄酒显得寡淡无味。

搭配禁忌

葡萄酒类型	不宜搭配
香槟	甜点
小甜水、莫斯卡托阿斯蒂	牛排、羊排、鸭胸等重口味肉类
雷司令	干型雷司令不宜配甜点
长相思	牛排、羊排、鸭胸等重口味肉类 甜点
琼瑶浆、维欧尼等重酒体芳香白葡萄酒	清淡原香的淮扬菜 牛排、羊排、鸭胸等重口味肉类 甜点

葡萄酒类型	不宜搭配
霞多丽等橡木桶陈酿白葡萄酒	清淡的海鲜 甜点
黑皮诺、博若莱 Cru 等优雅型红酒	浓油赤酱为主的鲁菜、上海菜 酱汁浓郁的牛排、羊排、印度菜 清淡的海鲜 甜品
巴贝拉、瓦波利切拉、基安蒂、卢瓦尔河品丽珠等高酸果香型红酒	浓油赤酱为主的鲁菜、上海菜 北京烤鸭 海鲜 甜品
澳大利亚西拉、阿根廷马尔贝克等新世界果香型红酒	海鲜 甜品
波尔多、布鲁奈罗、巴罗洛等结构型红酒	鲜味主导的江浙菜系 辛辣的川菜、湘菜 海鲜 甜品
浓郁甜美重橡木桶的新世界红酒	清淡原香的淮扬菜 辛辣的川菜、湘菜 海鲜 甜品

搭配合宜

菜式	经典搭配
浓油赤酱为主的鲁菜、上海菜	半甜雷司令 半甜白诗南 西班牙歌海娜 巴罗萨谷西拉
烤鸭为代表的京菜	桃红香槟 甜型雷司令 美国黑皮诺
辛辣的川菜、湘菜	普洛赛克起泡酒 桃红 半甜雷司令 半甜白诗南
咸中带甜的苏锡菜	半干雷司令 新世界霞多丽 西班牙歌海娜
清淡原香为主的粤菜、淮扬菜	香槟 桑塞尔长相思 勃艮第霞多丽 / 黑皮诺 特级村博若菜

菜式	经典搭配
咸鲜口的浙菜	夏布利 干型白诗南 西班牙歌海娜
火锅	香槟 雷司令 莫斯卡托 桃红
原味海鲜	夏布利 长相思 密斯卡岱 阿尔巴利诺
各类面食	灰皮诺 橙酒 巴贝拉 古典基安蒂
牛排和烧烤	波尔多混酿 教皇新堡 杜埃罗河岸
寿司为主的日本料理	白中白香槟 干型雷司令

菜式	经典搭配
东南亚菜	阿尔萨斯琼瑶浆 / 灰皮诺 长相思
咖喱为主的印度菜	新世界霞多丽 半甜雷司令 仙粉黛
橄榄油丰富的 意大利菜	巴贝拉 古典基安蒂 布鲁奈罗
鲜香的西班牙菜	干型雪莉 阿尔巴利诺 里奥哈
德国酸菜、香肠和 猪肘	莱茵高以南雷司令 梅洛 特级村博若莱
各类炸物	香槟、雷司令
奶油蛋糕	苏玳、托卡伊贵腐酒
布丁	冰酒、白诗南贵腐酒
巧克力甜点	波特、路斯格兰麝香

后记　红酒是我与世界和解的方式

一个偶然的契机，让我意识到自己也许有品酒的天赋，于是我想要系统地学习葡萄酒。正好那时我在美国即将大学毕业，对未来的职业选择感到非常迷茫，我告诉自己：索性一不做二不休，"全职"去学习葡萄酒吧！

也许你会想，我这么努力，应该是想要"入行"葡萄酒业吧？完全不是。那个时候的我压根儿就没想过这辈子要做侍酒师或者卖酒，我真的只是想尽快把葡萄酒学明白。

可是学葡萄酒并没有想得那么容易。从小到大，我都是一个标准的好学生，凭自己的努力和聪明一直考取的都是一流的学校，所以记住葡萄酒知识对我来说是小菜一碟。但我总是隐隐觉得，所有我接收的知识都流于表面，有隔靴搔痒之感。在本科接受通识教育的时候，我最擅长做的就是总结规律，可在葡萄酒的世界，所有知识都如此碎片化，真的是因为葡萄酒比其他人文领域的知识更复杂吗？

说得更具体一点，我的困惑主要体现在两方面：

第一，为什么我在书本上学到的"产区特点"和"品种特点"，和我喝到的酒之间经常对不上号？是因为我的品酒水平还不够吗？

还是因为书本里讲的品种和产区的逻辑存在缺陷？是否有更底层的逻辑可以用来归纳葡萄酒的味道？

第二，用浮夸、堆砌的品酒词汇来描述葡萄酒，如果是为了市场营销当然无可厚非，但用这种方法来理解葡萄酒，或者进行葡萄酒教育，真的对吗？是否有更容易取得共识的直观语言去描述葡萄酒的味道？

其实那时的我，正值人生低谷，对很多事情都失去了自信——别忘了我是因为处于毕业后的迷茫期才借学葡萄酒来逃避现实的。然而，葡萄酒教育里不合理的存在强烈激发了我的战斗欲和使命感，让我无法漠视我的困惑，遵循既有体系。当年还是无名小卒的我，莫名其妙就是知道：有一天，我可以改变葡萄酒行业的教育方式。

终于，一个契机出现了。我后来的合伙人喃喃当时在巴黎的蓝带厨艺学院学习烹饪。她和我说蓝带有一个为期一年的葡萄酒课程，让我去了解一下。

正是在蓝带学酒的那一年，打开了我的"任督二脉"。与其说是蓝带的教育好，不如说是我的老师拉梅奇（Ramage）先生太好了。至今为止，他仍然是我碰到过的最优秀的葡萄酒老师。

拉梅奇先生教会了我葡萄酒世界里的第一个大规律或"底层逻辑"——葡萄成熟度。无论是学习产区、品种、级别，还是年份，"葡萄能多熟"都是第一个需要被回答的问题。在我以前接受的教育体系里，虽然"成熟度"也是重要概念，但远没有受到足够的重视，没有被放到战略层面被考虑。如果不明白"葡萄成熟度"的战略性意义，绝不能说你懂葡萄酒。

拉梅奇先生还会给我们讲产区里面不同的子产区之间"明争暗斗"的故事，让我意识到，一个普通消费者根本不认识也不在乎的产区名字，原来被当地人赋予了如此高的价值。通过学习，诸多葡萄酒术语对我来说已不再是僵硬的概念，而变成了开启一个个鲜活故事的钥匙。

我这才意识到，法国人讲葡萄酒的方式和英国人大不相同。打个比方：评价同一部电影，英式教学就像一个自己并不拍片的资深影评人，侧重分析电影语言的使用；而法式教学则像一个拍片无数的大导演，侧重分析电影制作过程中的门道。只有顺着"大导演"思路，才能掌握葡萄酒的底层逻辑，也才能感受这个行业的喜怒哀乐。

在蓝带的那一年是我人生中最充实、对知识最如饥似渴的时光。我是班里的"问题大王"，每天至少有几十个问题甩给拉梅奇先生，以至于他说从未碰到过如此疯狂的学生。因为那时的我已经知道，将来有一天我也会教授葡萄酒知识，等到我教学的时候，我不光要沿用这种"法式"风格，还要在此基础上继续创新，发掘出自己的方法论。这个方法论要避开当年我学酒时走过的弯路，做到：

第一，用更加直观的方式去描述葡萄酒；

第二，将葡萄酒的规律总结得更加彻底；

第三，基于规律总结发展出一套实战打法，让刚开始学酒的

"小白"也能直接上手。

后来我回国创业。那时我对商业的世界一无所知，唯一知道的是，我的第一步是要做出"中国最好的葡萄酒入门内容"，第二步，是改变葡萄酒教育的框架，让葡萄酒学习变得更简单、更有效、更具常识性。可以说，我的视频栏目"醉鹅红酒日常"做的就是那一步——很多人看了我视频栏目之后，都惊讶于葡萄酒可以被讲得这么有趣，这么"自然而然"。但我自己知道，光是做视频还远远不能体现我对葡萄酒的理解，所以我在很早以前就开始研究一套更讲究方法论的课程体系，这一体系最终被整理成书，也就是你们现在读的这本。我倾注了极多的个人时间来研发这本书的内容，且研发过程简直慢如蜗牛。因为我要保证这本书中的方法论能经得起时间检验，能在多年后仍然指导人们，塑造人们对葡萄酒的认知。

我曾经做过一次演讲，主题是"红酒成了我与世界和解的方式"。曾经的我是一个特别愤世嫉俗，向一切以品位为荣的观念宣战的堂吉诃德。然而命运弄人，我偏偏爱上了几乎是品位象征的葡萄酒。

当我对葡萄酒的钻研越陷越深之后，我尝出了不同年份之间的微妙不同，尝出了不同地块之间的天差地别，尝出了葡萄酒小世界里的语言、情感和政治——这个小世界简直就是我们所处的社会的映照。我开始懂得了"格物致知"，感受到了物质里的乾坤。曾经假装悟透的那些大道理开始通过液体真正在我面前展开。在学酒的过程中，我的性格变得内向，但能感受到更多的精彩。而且我惊奇地发现，我不光能品出酒的品质，也比以前更能看出文字的品质、音乐的品质，甚至人的品质。我更敏感，同时也变得更包容，能够超越自己的喜好而去欣赏不同形式的存在，朋友们也开始更尊重我的想法。等走过这一遭以后，我才发现"品位"的真谛，那是一种判断美好的能力。当一个人拥有了这种能力，会变得更加美好和优雅。

葡萄酒创业让我找到了安身立命之本，而葡萄酒本身也滋养了我。希望你也能够感受到这种滋养的力量，成为一个更加美好的人。

参考资料

书籍

[1] 休·约翰逊, 杰西斯·罗宾逊. 世界葡萄酒地图 [M]. 北京: 中信出版社, 2014.

[2] 杰西斯·罗宾逊, 琳达·墨菲. 美国葡萄酒地图 [M]. 北京: 中信出版社, 2014.

[3] 罗纳德 S. 杰克逊. 葡萄酒科学: 第 3 版 [M]. 北京: 中国轻工业出版社, 2018.

[4] Jancis Robinsin, Julia Harding.The Oxford Companion to Wine [M].Oxford: Oxford University Press, 2014.

[5] Jancis Robinson, Julia Harding.Wine Grapes[M].New York: Ecco, 2012.

[6] Tom Stevenson.The Sotheby's Wine Encyclopedia[M].New York: National Geographic, 2020.

[7] Stephen.Skelton.Viticulture[M].New York: S. P.Skelton Ltd, 2020.

[8] David Bird.Understanding Wine Technology[M].San Francisco: Board and Bench Publishing, 2011.

[9] Stevie Kim. Italian Wine Unplugged[M].New York: Positive Press, 2011.

网站

[1] 法国国家原产地命名管理局 .https://www.inao.gouv.fr

[2] 法国勃艮第葡萄酒行业协会 .https://www.bourgogne-wines.com

[3] 法国香槟酒行业委员会 .https://www.champagne.fr

[4] 法国波尔多葡萄酒行业协会 .https://www.bordeaux.com

[5] 法国罗纳河谷葡萄酒行业协会 .https://www.vins-rhone.com

[6] 德国葡萄酒协会 .https://www.germanwines.de

[7] 德国名庄联盟 .https://www.vdp.de

[8] 澳大利亚葡萄酒管理局 .https://www.wineaustralia.com